Enseñar a Estudiantes con Discalculia

Cómo enseñar a los alumnos con el Trastorno Específico del Aprendizaje discalculia.

Dra. Honora Wall, Ed.D.

© 2022 EduCalc Learning

Reservados todos los derechos. Ninguna parte de esta publicación puede ser reproducida, distribuida o transmitida de ninguna forma ni por ningún medio, incluidas fotocopias, grabaciones u otros métodos electrónicos o mecánicos, sin el permiso previo por escrito del editor, excepto en el caso de citas breves o otros usos no comerciales permitidos por la ley de derechos de autor. Para solicitudes de permiso, escriba al editor a:

PolyMath Publishing
403 Chase Street
Osage, IA 50461

ISBN: 978-1-7327601-8-9

Diseño de portada de libro por The Good Designer

Primera edición impresa 2022

www.educalclearning.com

Tabla de Contenido

Introducción .... Page 4

Una Hoja de Ruta para este Libro .... Page 6

Capítulo 1: Discalculia .... Page 7

    Estudio de Caso 1: Cheryl .... Page 16

    Capítulo 1 Preguntas y Ejercicios .... Page 21

    Notas Finales .... Page 22

Capítulo 2: Discalculia en los Grados K-2 .... Page 23

    Estudio de Caso 2: Ernesto .... Page 30

    Capítulo 2 Preguntas y Ejercicios .... Page 34

    Notas Finales .... Page 35

Capitulo 3: Discalculia en los Grados 3-5 .... Page 36

    Estudio de Caso 3: Rose .... Page 45

    Capítulo 3 Preguntas y Ejercicios .... Page 50

    Notas Finales .... Page 51

Chapter 4: Discalculia en los Grados 6-8 .... Page 52

    Estudio de Caso 4: Kerry .... Page 59

    Capítulo 4 Preguntas y Ejercicios .... Page 60

    Notas finales .... Page 61

Chapter 5: Discalculia en los Grados Escuela Secundaria .... Page 62

    Estudio de Caso 5: William .... Page 73

    Capítulo 5 Preguntas y Ejercicios .... Page 77

    Notas finales .... Page 78

Chapter 6: Conclusión .... Page 79

    Estudio de Caso 6: Jonathan .... Page 99

Claves de Respuesta

Recursos Adicionales

Prefacio

De niña, estaba convencido de que nunca podría "hacer" matemáticas. Todo el mundo lo sabía: mis padres, mis profesores, mis amigos y yo. Yo no era una "persona matemática". Esto estaba bien para mí, ya que no tenía intención de hacer matemáticas si podía evitarlo. Sin embargo, en ese momento, no me di cuenta de la verdad del dicho "Mann Tracht, Un Gott Lacht": el hombre planea y Dios ríe. Como adulto, hago matemáticas todo el tiempo. Lo enseño, lo presento, lo estudio, lo hablo y lo escribo. Mi experiencia laboral me ha llevado al trabajo de mi vida, ayudar a las personas que tienen discalculia, un trastorno del aprendizaje de las matemáticas. Nadie está más sorprendido por esto que yo.

Si tuviera que resumir mis experiencias matemáticas de la infancia, todas se reducen a "¿de dónde diablos salieron los tres?". Me fue bien en otras clases, pero cualquier cosa con números no era mi fuerte. Nadie podría haberme convencido de que la pasión de mi vida, mi investigación y mi don de enseñanza estarían en las matemáticas. Muchos años después, era un adulto que se estaba divorciando cuando me di cuenta de que tendría que hacer las paces con los números para poder hacer mis impuestos y administrar mis finanzas. Tomé el libro de texto de matemáticas de tercer grado de mi hijo y comencé desde cero. ¡Hubo muchas lágrimas! Especialmente cuando abordé problemas de palabras.

También hubo mucha frustración. La mayor parte de esa frustración vino cuando resolví un problema correctamente y pensé, bueno, eso fue fácil, así que no puede ser correcto. ¡Pero tenía razón! Me di cuenta de que la mayoría de mis errores anteriores en matemáticas eran tan simples, tan básicos, que debían haber sido obvios para mis maestros. Pequeñas correcciones podrían haber cambiado toda mi trayectoria matemática. ¿Por qué nadie había dicho: "Oh, estás haciendo esto, cuando deberías estar haciendo aquello"? Estaba enojado, y luego estaba decidido. No quería que nadie más pasara por las mismas experiencias que yo. Me convertí en profesor de matemáticas.

No tengo discalculia. Lo sé porque el tiempo, el dinero y el valor posicional tienen sentido para mí. Conozco las operaciones matemáticas básicas y recuerdo fórmulas, pasos y procedimientos con facilidad. Estos son indicadores de que tenía una base matemática deficiente y poca aritmética, en lugar de una discapacidad de aprendizaje de matemáticas. Sin embargo, en el curso de mi enseñanza y tutoría, he conocido a muchos estudiantes que tienen discalculia. He conocido a padres frustrados y preocupados. Conocí a tutores y administradores dedicados que cuestionaron por qué sus estudiantes seguían teniendo dificultades y nada parecía ayudar. Busqué investigaciones, materiales o programas, y encontré poco, especialmente en comparación con la cantidad de investigaciones que encontré sobre la dislexia. Yo queria ayudar. Decidí obtener mi doctorado en currículo e instrucción, con un enfoque en la discalculia. Muchos años después, mi trabajo me ha llevado a este libro. Espero que ayude a otros educadores a apoyar a sus estudiantes y, juntos, podemos cambiar las trayectorias matemáticas de millones de estudiantes que luchan contra la discalculia.

Introducción

A principios de la década de 1930, un neuropsiquiatra de Iowa llamado Dr. Samuel Orton estaba trabajando con adultos que habían sufrido daño cerebral. Examinó sus dificultades con el lenguaje y se dio cuenta de que muchos niños compartían las mismas dificultades con el lenguaje y la alfabetización, a pesar de que los niños no tenían daño cerebral. Se sintió intrigado y cambió el enfoque de su trabajo para estudiar las luchas infantiles con el lenguaje y la alfabetización. Pronto, se asoció con la Dra. Anna Gillingham, una psicóloga y educadora cuyo trabajo se centró en los componentes básicos de la lectura: fonética, prefijos, sufijos y decodificación de palabras. Juntos desarrollaron el método Orton-Gillingham de intervención de lectura, una forma completamente nueva de enseñar lectura y ortografía, y la base de nuestro enfoque moderno para ayudar a los estudiantes con dislexia.

La dislexia es un trastorno específico del aprendizaje, una condición de por vida que afecta la forma en que leemos, interpretamos y comprendemos el texto. Gracias al trabajo de Orton y Gillingham, la dislexia captó la atención del público y el programa de lectura Orton-Gillingham creció rápidamente en popularidad, capacitando a miles de maestros y ayudando a millones de estudiantes. En la década de 1970, la dislexia se había convertido en una palabra familiar para describir a los lectores con dificultades. Hoy en día, las escuelas especializadas que se enfocan en estudiantes disléxicos se pueden encontrar en la mayoría de las comunidades. Los talleres de capacitación y certificación para educadores ocurren durante todo el año. Casi todas las escuelas públicas en los Estados Unidos tienen un entrenador de alfabetización, un especialista en dislexia o instrucción de lectura Orton-Gillingham en clase. Se han publicado cientos de miles de artículos de investigación que examinan la dislexia.

¿Dónde quedó el trabajo concurrente en el campo de las matemáticas?

La discalculia es un trastorno específico del aprendizaje que afecta la capacidad de comprender, dominar y recordar las matemáticas. Lamentablemente, la investigación publicada sobre la discalculia asciende a una décima parte de la correspondiente a la dislexia, en el momento de la publicación de este libro. Cuando se trata de matemáticas, con demasiada frecuencia, los maestros y los padres dicen que los niños simplemente no se esfuerzan lo suficiente, no prestan atención o simplemente no son buenos en matemáticas. La verdad es más matizada. Todos los niños quieren sentirse académicamente exitosos y empoderados. Es nuestro trabajo encontrar las mejores formas de llegar a ellos, instruirlos, apoyarlos y evaluarlos, en función de sus necesidades de aprendizaje. Para los estudiantes con discalculia, este trabajo es vital, pero puede ser frustrante. El propósito de este libro de texto es ayudar a los educadores a comprender mejor a sus estudiantes con dificultades y ayudarlos a lograr todo lo que son capaces de hacer.

La discalculia y la dislexia son sólo dos de los Trastornos Específicos del Aprendizaje (SLD). En la misma familia, podemos encontrar la disgrafía, una condición que afecta la escritura a mano, la organización de los pensamientos y la creación de eventos impulsados por el tiempo o el orden (es decir, entender primero, después, al final). Las personas con disgrafía tienen problemas para sostener correctamente un lápiz y también tienen problemas para escribir ensayos en un orden cohesivo. Luego, está la dispraxia, que impacta la capacidad de planificar, organizar y ejecutar la motricidad en un espacio determinado; A las personas con dispraxia a menudo se las llama torpes, chocando con cosas o tropezando con sus propios pies. Tienden a ser malos conductores, tienen poco equilibrio y tienen dificultades para practicar deportes. Muchas veces, los estudiantes tienen un diagnóstico comórbido, combinando más de uno (o incluso todos) de los SLD con ADD/ADHD, trastornos de procesamiento o autismo.

Estudiar la discalculia es fascinante y gratificante. Comprender este trastorno requiere aprender sobre neurociencia, aritmética, cognición y desarrollo humano. También contiene un elemento de misterio y, para futuros investigadores, descubrimientos emocionantes. Cuando hablamos de discalculia, tenemos más preguntas que respuestas. Por ejemplo, la discalculia podría provenir de un error en la subitización, la capacidad de estimar mentalmente cuántos objetos hay en un grupo. La discalculia podría deberse a un problema de codificación, que ocurre cuando combinamos formas de palabras, números arábigos y objetos en conexiones neurológicas. Muchas veces, se trata de cuestiones visoespaciales, que impactan en la forma en que debemos presentar el vocabulario y los diagramas. La discalculia borra la información matemática que ya se ha aprendido, pero no sabemos cómo ni por qué. Hay mucho más que debemos aprender sobre la discalculia. Este libro combina investigaciones y estudios de casos para ilustrar la discalculia y sus efectos en estudiantes de todas las edades.

Una Hoja de Ruta para este Libro

Este libro está dividido en capítulos que llevan al lector desde una introducción a la discalculia, una descripción del trastorno a lo largo de la experiencia escolar K-12 y una comparación de la discalculia versus otras barreras para el éxito en matemáticas. Cada capítulo comienza con una breve descripción general, luego profundiza en los problemas de aprendizaje específicos de la discalculia. Esta sección de "inmersión profunda" muestra a los educadores cómo los estudiantes con discalculia entienden las matemáticas de manera diferente. Describe lo que sabemos sobre aprender, conceptualizar, recordar y recordar información matemática, junto con las intervenciones y adaptaciones que ayudan a estos estudiantes a aprender y demostrar su conocimiento. Estas ideas se pueden implementar inmediatamente en cualquier salón de clases.

Cada capítulo incluye un estudio de caso, una historia real de uno de mis estudiantes y su viaje de ser un estudiante con dificultades a ser un estudiante exitoso. Todos los nombres han sido cambiados para proteger su privacidad, pero las historias, evaluaciones, luchas y triunfos son todos ciertos. ¡Ha sido un honor ver a tantas personas superar sus miedos a las matemáticas! Estoy agradecido de haber podido ser parte de estos viajes inspiradores. Next, Understand, Master, Recall, está diseñado para abordar las necesidades de aprendizaje de los estudiantes con discalculia en diferentes edades y niveles de grado. La sección final de cada capítulo contiene un breve conjunto de ejercicios diseñados para medir la comprensión del lector sobre la discalculia.

Las respuestas están incluidas en la parte posterior del libro. La sección de notas finales y recursos adicionales al final de los capítulos conducirá a los lectores interesados a los fundamentos de investigación de este libro y sus afirmaciones.

¡Feliz lectura!

Capítulo 1: Discalculia

"Creo que la única educación verdadera viene a través de la estimulación de las facultades del niño por las demandas de las situaciones sociales en las que se encuentra... A través de las respuestas que los demás dan a sus propias actividades, llega a saber lo que éstas significan en términos sociales."
-- John Dewey

Hay un grupo de problemas de aprendizaje que están estrechamente ligados al desarrollo neurológico. Estos trastornos específicos del aprendizaje incluyen dislexia (lectura), disgrafía (escritura y organización), dispraxia (movimiento y equilibrio) y discalculia (matemáticas). La discalculia es una discapacidad del aprendizaje que afecta aproximadamente al 10 % de la población, aproximadamente 5 millones de niños en edad escolar en 2021, lo que inhibe su capacidad para aprender, recordar y recuperar información matemática 1. Aunque la discalculia se analiza en revistas médicas que datan de principios de 1900, nuestra comprensión de este trastorno es bastante escasa. La discalculia implica un desarrollo neurodivergente (atípico), problemas de cableado y codificación del cerebro, luchas conceptuales y problemas visoespaciales. Afortunadamente, las adaptaciones e intervenciones adecuadas son simples y se pueden implementar en cualquier salón de clases, utilizando cualquier plan de estudios de matemáticas, sin grandes gastos. Este libro de texto analiza las adaptaciones e intervenciones apropiadas para la edad y el nivel de grado en cada capítulo. Primero, analicemos lo que sabemos actualmente sobre la discalculia.

Una Visión General de la Discalculia

La discalculia, como todas las SLD, es una condición de por vida creada por diferencias neurológicas. Las personas pueden nacer con discalculia (llamada discalculia del desarrollo o DD) o puede ser el resultado de una lesión cerebral (llamada discalculia adquirida o AD); en ambos casos, esta es una condición que puede adaptarse, pero no tratarse [4]. Esta es una distinción importante para los educadores: no enseñamos a los estudiantes con discalculia a "superar" su diferencia de aprendizaje. Los apoyamos a lo largo de todo su viaje educativo, sabiendo que siempre procesarán las matemáticas de una manera única. Sabemos que los niños con discalculia se desempeñan en los grupos de rendimiento más bajo en la clase de matemáticas y, a menudo, reportan dificultades para saber cómo decir la hora, entender el dinero o recordar operaciones matemáticas básicas [3,5,6]. Cuando estos tres problemas, decir la hora, trabajar con el dinero y el olvido de las operaciones matemáticas no mejoran con la práctica o la instrucción de recuperación, es un indicador clave de la discalculia.

Los estudiantes con discalculia son resistentes a muchas estrategias de intervención. Esto se debe en parte a la naturaleza del trastorno, que implica la degeneración de la información aprendida con el tiempo [6]. Por ejemplo, la aritmética incluye la capacidad de estimar visualmente cantidades al mirar un grupo de puntos (llamada subitización) [5]. Las personas con discalculia no no estiman, tienen que contar cada uno de los puntos, cada vez, y debido a esto, han retrasado el desarrollo de métodos de conteo automático [8]. Además, el Sistema numérico aproximado (ANS), una base importante de todas las habilidades matemáticas, es débil o subdesarrollado en personas con discalculia [9]. Discutiremos esto con mayor detalle en capítulos posteriores.

Se ha demostrado que adaptaciones como el uso de calculadoras, hojas de referencia o ejemplos resueltos benefician a los estudiantes con discalculia, pero las intervenciones que incluyen estrategias de instrucción diferenciada solo tienen un éxito ocasional. Esta pobre respuesta a las intervenciones frente a las adaptaciones es una diferencia notable entre los estudiantes con un trastorno del aprendizaje y aquellos con una base matemática débil. Los niños con una base débil pueden recibir instrucción de recuperación y seguir adelante con éxito sin apoyo. Los niños con discalculia siempre necesitarán apoyo, ya que la discalculia persiste durante toda la vida.

Para los educadores, quizás el aspecto más frustrante de la discalculia es la pérdida de información matemática con el tiempo. No sabemos por qué las personas con discalculia olvidan las matemáticas que ya aprendieron; solo sabemos que lo hacen. Sabemos que el lóbulo parietal es donde almacenamos el conocimiento relacionado con las matemáticas. Sabemos que, para la mayoría de las personas con discalculia, esta región actúa más como un colador que como un contenedor de almacenamiento. Los estudiantes pueden responder preguntas en clase, tomar buenas notas, completar bien su tarea... luego hacerlo mal en un examen... luego mirar una revisión de la prueba como si nunca antes hubieran visto el tema, luego reprobar la prueba. Parece que la información matemática desaparece de la memoria a largo plazo. Algunas personas con discalculia pierden la información matemática rápidamente, mientras que otras la olvidan con el tiempo; algunas personas se beneficiarán de un recordatorio rápido, mientras que otras necesitan que todos los pasos, definiciones y ejemplos resueltos se presenten nuevamente, cada vez que surge un concepto matemático. Esta pérdida incontrolable es una de las razones por las que el uso constante de los sistemas de apoyo es crucial para que los estudiantes con discalculia dominen las matemáticas.

Existen numerosas formas de identificar la discalculia. El método más preciso para diagnosticar la discalculia requiere una evaluación realizada por un neurólogo o psicólogo. Una evaluación neuropsicológica se basa en una batería de pruebas para detectar una "discrepancia entre el desempeño en las pruebas de desempeño en matemáticas y el desempeño esperado en función de la edad, la inteligencia y los años de educación" o un "impedimento en matemáticas, que evidencia problemas con el sentido numérico, la memorización de operaciones aritméticas, cálculos precisos y fluidos y razonamiento matemático preciso" [11]. Estas distinciones son importantes para identificar deficiencias fundamentales y seleccionar intervenciones o adaptaciones significativas. Se da un diagnóstico cuando el rendimiento del estudiante es igual o inferior al percentil 25 (oa veces al 30) en la parte de matemáticas de las pruebas estandarizadas. Algunos psicólogos prefieren diagnosticar la discalculia con base en un rango de percentil 25 o inferior, con base en la curva de campana normal. Muchos investigadores utilizan un punto de corte del percentil 30 para la inclusión en los estudios de discalculia. La diferencia entre obtener una puntuación en el percentil 25 o 30 puede provenir de buenas o muy malas conjeturas en tres a cinco preguntas de evaluación.

Una segunda señal de una posible discapacidad de aprendizaje es un estudiante que se desempeña dos niveles de grado por debajo de sus compañeros en matemáticas. En los primeros años de la escuela primaria, puede ser difícil determinar si un estudiante está verdaderamente atrasado con respecto a sus compañeros o si simplemente se está desarrollando a su propio ritmo.

Esta es una de las razones por las que muchos trastornos del aprendizaje se diagnostican después del tercer grado. Un tercer método para identificar la discalculia es a través de las pruebas exigidas por el estado: los estudiantes que obtienen un nivel 1 o un nivel 2 pueden tener discalculia, bajo nivel de aritmética o ansiedad ante los exámenes. Este método brinda la menor cantidad de información sobre las razones subyacentes por las que un alumno tiene un rendimiento bajo.

Comprender el tiempo, trabajar con dinero y olvidar las operaciones matemáticas

Comprender el tiempo, trabajar con el dinero y olvidarse de las matemáticas son tres indicadores clave de la discalculia. Las personas de todas las edades con este SLD dicen que siempre llegan tarde, no saben a qué hora empezar a prepararse para el trabajo o la escuela y no saben cómo leer un reloj. Incluso cuando leen un reloj digital, pueden leer los números que ven (por ejemplo, 7:45), pero no sabrán si esto significa que llegaron temprano, tarde o a tiempo. Este problema es paralizante en los primeros años de la escuela primaria, donde la lectura de un reloj y la respuesta a los problemas de tiempo transcurrido cobran protagonismo. De esta manera, la escuela primaria temprana puede actuar como un guardián, colocando a los estudiantes en un camino de recuperación de matemáticas en el que permanecerán hasta la escuela intermedia y secundaria. El tiempo también es un problema para los adultos con discalculia, que necesitan llegar a tiempo al trabajo, llegar a una cita o hacer malabarismos con los horarios de transporte compartido. De esta manera, la discalculia erosiona la calidad de vida, así como las calificaciones de las boletas de calificaciones.

El uso de adaptaciones adecuadas durante las pruebas y los exámenes puede ayudar a los estudiantes a responder preguntas sobre el tiempo. Estas adaptaciones incluyen evaluaciones alternativas que usan preguntas de emparejamiento en lugar de preguntas de relleno (es decir, "Dibuje una línea desde el reloj digital que dice 2:15 y el reloj analógico que muestra 2:15"), lo que permite a los estudiantes usar un reloj con manos mientras responden preguntas, o permitiéndoles consultar sus notas durante un cuestionario o prueba. A algunos maestros les preocupa que las herramientas de apoyo como esta reduzcan la validez de los resultados de la evaluación, pero las adaptaciones apropiadas solo nivelan el campo de juego para los estudiantes con discapacidades de aprendizaje. No les dan a los estudiantes con dificultades un beneficio sobre los estudiantes con un desarrollo típico.

Trabajar con dinero es un desafío para los discalcúlicos de todas las edades. En muchos sentidos, la creciente popularidad de las tarjetas de débito y las compras en línea ha ayudado porque ya pocas personas usan efectivo o manejan cambio. Esto puede ayudar a los adultos con discalculia; sin embargo, muchos aún informan que se sienten avergonzados cuando la gente habla de dinero, y muchos adultos no quieren revelar su discapacidad de aprendizaje a sus compañeros y empleadores. Para nuestros jóvenes estudiantes que tienen discalculia, los desafíos de resolver problemas relacionados con el dinero hacen que aprobar segundo y tercer grado sea difícil, si no imposible. Cuando se les pregunta qué moneda vale más, una moneda de cinco centavos o de diez centavos, es probable que estos estudiantes elijan la moneda de cinco centavos porque tiene un diámetro mayor. Cuando se les pide que encuentren el valor total de un grupo de monedas, les cuesta recordar el valor de cada moneda y luego les cuesta sumar los valores totales. Esto sigue ocurriendo por muchas veces que perforamos monedas, billetes, sus valores o las reglas de la suma, porque el lóbulo parietal sigue perdiendo la información una vez que la ha aprendido.

La buena noticia es que el cerebro funciona como una unidad integrada, no como regiones o lados separados o áreas que no se superponen. Los maestros pueden ayudar a todos los estudiantes usando una variedad de métodos de instrucción que involucran diferentes áreas del cerebro, pero para los estudiantes con discalculia, la instrucción multimodal es una necesidad. Los juegos, proyectos, actividades y discusiones en clase ayudan a los estudiantes a desarrollar esquemas más complejos, que son básicamente nubes de conceptos de conocimiento. Por ejemplo, cuando vemos las letras C-A-T, instantáneamente pensamos en gatos, felinos, alergias, gatitos, atunes, Halloween, tigres, un gato que tuvimos una vez, o el gato que tenían nuestros vecinos, o el que nos hubiera gustado tener. nuestro cumpleaños, negro, percal, gris, atigrado, o tal vez incluso la canción que cantaban los gatos siameses en esa vieja película de Disney. Este es un esquema, un grupo de ideas relacionadas que tenemos sobre un tema. Cuanto más desarrollados y detallados sean nuestros esquemas, más los recordaremos y mejor podremos aplicarlos. Los maestros que usan una variedad de métodos de enseñanza ayudan a los estudiantes a desarrollar esquemas más amplios. Esto puede aumentar el almacenamiento del conocimiento matemático fuera del lóbulo parietal, lo que facilita que los estudiantes con discalculia lo recuerden.

Investigadores Prominentes

Sabemos muy poco sobre cómo aprendemos, comprendemos y recordamos las matemáticas, y sabemos aún menos sobre por qué no lo hacemos. Hay algunos investigadores clave que han estudiado la discalculia, pero sus suposiciones sobre las causas del trastorno son muy diferentes. El trabajo de Brain Butterworth busca una deficiencia central de la discalculia, similar al modelo de deficiencia central de la dislexia [1,5]. Otros investigadores, como Geary, sienten que la discalculia proviene de un problema de codificación o que la discapacidad de aprendizaje tiene múltiples fuentes de deficiencias, como deficiencias visuales -problemas espaciales y problemas de memoria de trabajo [4]. Dehaene, Piazzi y Cohen usan la neurociencia para descubrir la recta numérica mental que parece sustentar todo el conocimiento matemático [13]. Para las personas que tienen discalculia, puede haber múltiples áreas de dificultades matemáticas con grandes diferencias individuales . Algunos discálculos pueden recordar algunos hechos matemáticos, algunos son buenos para recordar los pasos de resolución de problemas, y algunos pueden extender patrones y rotar formas fácilmente, mientras que muchos no dominan estos temas. Casi todos los discálculos son pensadores lineales que se mueven hacia adelante y luchan con las matemáticas "hacia atrás" (resta, división, raíces, etc.). Es necesario realizar más investigaciones antes de encontrar respuestas definitivas.

Desde 1930 hasta 1980, la investigación sobre la discalculia fue realizada principalmente por neurocientíficos, no por educadores, pero las luchas de los estudiantes de K-12 con discalculia aumentaron el interés en el campo de la investigación educativa. Aún así, el trabajo fue lento y el interés en la educación matemática fue bajo, en comparación con el interés nacional en mejorar la lectura. El apasionante trabajo de los doctores Orton y Gillingham llevó la dislexia al frente de la investigación educativa y programas de lectura como el Orton-Gillingham, Wilson y otros repartidos por todo el mundo. Hoy en día, se puede encontrar un entrenador de alfabetización, un profesional de lectura certificado o un programa de intervención de lectura en casi todas las escuelas de los Estados Unidos. No se puede decir lo mismo de nuestra comprensión de cómo enseñar matemáticas, especialmente para los estudiantes con dificultades. Persisten los mitos sobre los sesgos basados en el género o la raza con respecto a las habilidades matemáticas. Los maestros se aferran a creencias obsoletas sobre cómo los estudiantes pueden lograr el dominio de las matemáticas (pista: ¡no se trata de practicar, practicar, practicar!). Estas ideas desacreditadas y enfoques de instrucción han impedido el crecimiento de muchos estudiantes como matemáticos.

Las primeras investigaciones sobre la discalculia sentaron las bases para nuestra comprensión de este trastorno, pero no tuvieron el beneficio de la medicina moderna y la investigación de la neurodivergencia, que ha contribuido enormemente a nuestra comprensión. Margaret Reinhold de Londres publicó un artículo sobre trastornos específicos del aprendizaje en 1951 que describía la experiencia de adultos con discalculia, dislexia, disgrafía y dispraxia. Señaló que la discalculia incluye asimbolía, una desconexión entre los símbolos operativos (+ − × ÷) y su significado (sumar, restar, multiplicar o dividir) [12]. Informó que las personas con SLD pueden tener dificultades para dibujar la esfera de un reloj o una cuadrícula de coordenadas con etiquetas e intervalos adecuados. De una manera muy informal, las actividades de dibujo como estas pueden actuar como una evaluación en el aula de las discapacidades del aprendizaje: los maestros pueden pedir a los estudiantes que tomen una hoja de papel en blanco y dibujen un reloj, una cuadrícula de coordenadas u otras imágenes relacionadas con las matemáticas. Los resultados brindarán a los educadores una gran cantidad de información sobre las habilidades visuales y espaciales de sus estudiantes.

Marco neurológico

Los neurocientíficos han aportado mucho a nuestra comprensión de la discalculia. Sabemos que los investigadores pueden usar resonancias magnéticas para mostrar que el lóbulo parietal está menos involucrado durante las actividades matemáticas para personas con discalculia que para personas sin [15]. Sabemos que aprender a través de la memorización activa la parte izquierda del cerebro basada en el lenguaje mientras aprende a través de estrategias activa la parte derecha de imágenes visuales del cerebro. Sabemos que la resta, la división y otros cálculos hacia atrás requieren más oxígeno (más combustible mental) que las actividades hacia adelante como sumar o multiplicar. Los neurólogos también han demostrado que traducir problemas verbales a ecuaciones algebraicas activa más conexiones neurológicas, lo que significa que requiere más esfuerzo, que mirar una ecuación algebraica y pensar en cómo resolverla. Sin embargo, aún no sabemos cómo convertir estos estudios en pedagogía, currículo o libros de texto.

Matemáticas, el cerebro y el desarrollo humano

Los niños de todo el mundo desarrollan la comprensión de contar objetos, la idea de tener más o menos y la capacidad de reconocer y ampliar patrones. Esto sucede naturalmente, como parte del desarrollo humano típico, excepto cuando no es así. Para algunos niños, el lóbulo parietal desarrolla conexiones neurológicas debilitadas; el pensamiento matemático se desarrolla lentamente y con mucha dificultad [7]. Sabemos que algunas personas nacen con esta discapacidad matemática (Discalculia del Desarrollo o DD) o puede ser causada por una lesión cerebral traumática (Discalculia Adquirida o AD). Lo que no sabemos es cómo la discalculia causa diferentes formas de pensar, aprender o recordar las matemáticas, o por qué hace que las personas pierdan información matemática con el tiempo. Comprender el desarrollo matemático típico puede ayudarnos a comprender el desarrollo atípico.

Los investigadores describen cuatro etapas del desarrollo típico de habilidades matemáticas: cardinalidad, comparación, resolución de problemas y medición. Estas habilidades se desarrollan desde el nacimiento hasta los seis años de edad, con un rango normal de fluctuaciones (algunos niños desarrollarán habilidades temprano, otros tarde, pero la mayoría desarrollará sus habilidades en la mitad del rango de edad). Primero, está la cardinalidad, que se desarrolla a través de la adquisición de la competencia numérica: estimación simbólica y no simbólica. La estimación no simbólica ocurre primero. Vemos esto en niños pequeños, primates y otros animales que pueden elegir entre un conjunto con más o menos objetos. Las personas con desarrollo neurotípico elegirán un conjunto en función de la cantidad de objetos incluidos, independientemente del tamaño del objeto o del conjunto (es decir, un círculo o un cuadrado) en el que están contenidos. Los niños con discalculia pueden elegir un conjunto que contenga menos objetos, si los objetos son de mayor tamaño, independientemente de la cantidad.

Saber que un grupo es más grande que otro, según la cantidad de objetos dentro del grupo, es diferente de saber que un grupo contiene tres objetos mientras que otro tiene cinco objetos, lo cual es una estimación simbólica. La estimación simbólica significa conectar una cantidad de objetos con un dígito o número arábigo. Pídale a un niño con desarrollo neurotípico que señale un conjunto con tres estrellas y responderá rápida y correctamente. Hágale la misma pregunta a un niño con discalculia y se detendrá para contar la cantidad de estrellas en cada conjunto antes de elegir la correcta. Probablemente contarán con los dedos.

Otro aspecto de la cardinalidad es observar un grupo de objetos y estimar cuántos objetos hay en el conjunto, lo que se denomina subitizar (Figura 1). La subitización conduce al procesamiento automático de cantidades, por ejemplo, mirar un dado y saber qué lado tiene cinco puntos sin contar, y admite sumas y restas. La subitización es la base de la agrupación, la estimación, el reconocimiento de patrones y el conteo salteado. Las personas con discalculia tienen una automaticidad tardía o inexistente de subitización, lo que ralentiza tanto su trabajo como su comprensión de las operaciones matemáticas. Subitizar no es exclusivo de las personas; se ha visto en monos, pájaros e incluso abejas.

Figura 1. *La subitización.*

El conjunto de puntos de la izquierda muestra una matriz estándar que la mayoría de la gente contará automáticamente como cinco puntos. El conjunto de puntos a la derecha muestra cómo los discalcúlicos tienden a pensar en todas las matrices; tendrán que contar cada punto, para cada matriz, incluida la de la izquierda. Crédito de la imagen © EduCalc Aprendizaje 2022

El aspecto final de la cardinalidad es desarrollar el sentido numérico aproximado (ANS). La discalculia inhibe el desarrollo del SNA. En la mayoría de los casos, esperamos ver un ANS bien desarrollado antes del preescolar. Los niños aprenderán las palabras numéricas del uno al diez escuchando a las personas contar y haciendo una conexión entre las letras que forman estas palabras, la fonética involucrada en decir estas palabras y la cantidad de objetos que representan sucede alrededor de los cuatro años de edad. El conteo de memoria (es decir, decir palabras numéricas en orden, como uno, dos, tres, cuatro, cinco) ocurre antes de que los niños conecten una palabra con una cantidad de objetos que significa (por ejemplo, "tres A" significa A, A, A). Esta correspondencia uno a uno (una palabra coincide con una sola cantidad) se vuelve automática. Pronto, los niños aprenden a contar de 2, 5 o 10, y luego desarrollan la capacidad de comenzar desde cualquier número y contar (es decir, el maestro dice 7 y el estudiante dice 8, 9, 10). Estas acciones forman nuestro sentido numérico aproximado y son difíciles para los niños con discalculia. Tener un ANS fuerte es importante porque admite el cálculo, entre otras habilidades. Las investigaciones muestran que la práctica matemática repetida no fortalece el ANS en estudiantes menores de 12 años, lo que dificulta que los maestros fortalezcan el ANS en la escuela primaria.

La comparación es la segunda etapa del desarrollo matemático. La comparación es una actividad natural que se desarrolla automáticamente. Lo vemos en los niños pequeños, que saben cuándo las cosas son similares o no, y les gusta separar y organizar las cosas. Entre los catorce y los dieciocho meses de edad, los niños van más allá de simplemente hacer juicios "iguales" y "diferentes". Ahora también pueden decir qué grupo contiene más cantidad que otro. Los niños hacen estas comparaciones simples, no contando, sino basándose en qué conjunto parece contener más que el otro conjunto. La comparación puede estar sesgada si los objetos no tienen el mismo tamaño pero son físicamente más grandes o más pequeños, como comparar una canasta de cinco crayones finos con una canasta de tres crayones de gran tamaño. Los crayones de mayor tamaño pueden hacer que una canasta parezca más "llena" y, por lo tanto, más grande. Cometer este error es común entre los niños pequeños, y los discalcúleos mayores, que tienden a elegir "más" o "más grande" en función del tamaño físico en lugar de la cantidad.

Los niños pequeños son naturalmente excelentes para resolver problemas, que es la siguiente etapa del pensamiento matemático. A los cinco años, los niños pueden usar bloques o dibujos para resolver problemas simples de suma y resta. En jardín de infantes y primer grado, muchos niños pueden usar materiales concretos para representar las acciones en problemas que implican agrupar objetos en conjuntos o separar objetos en montones iguales. Esto muestra que los niños pequeños entienden la multiplicación y la división, aunque no entienden los símbolos matemáticos como 3 x 4 o 15 ÷ 3. Los niños con un desarrollo típico pueden dejar de usar objetos para resolver problemas mucho antes de terminar el primer grado. Para los niños con bajo nivel de aritmética, usar objetos para resolver problemas es una excelente manera de fortalecer el pensamiento matemático y reforzar las operaciones matemáticas tanto en primer como en segundo grado. Para los niños con discalculia, usar objetos para resolver problemas es una excelente adaptación que podría durar hasta el tercer grado, aunque la mayoría de los niños de esta edad no querrán usar objetos para resolver problemas frente a sus compañeros.

La etapa final de la construcción del pensamiento matemático es la medición. Conceptos como longitud, peso y volumen se desarrollan cuando los niños colocan objetos uno al lado del otro, levantan una variedad de objetos o vierten agua de una taza en un balde o en la bañera. Más tarde, pueden razonar que si un libro es más corto que una cuerda y la cuerda es más corta que una mesa, entonces el libro debe ser más corto que la mesa. Este tipo de comparación está muy lejos de medir en unidades como pulgadas o centímetros, pero es la base de toda medida. Los niños necesitan tiempo para dominar esta fase antes de pasar a cosas como unidades, reglas o conversiones, aunque la mayoría de los programas de matemáticas introducen estos elementos demasiado pronto para un desarrollo típico. Los estudiantes con discalculia tendrán dificultades con los conceptos básicos de medición durante más tiempo que sus compañeros. Los estudiantes mayores tienen el problema adicional de confundirse con las múltiples bases de conteo, el valor posicional, las medidas habituales en inglés y el sistema métrico. Se beneficiarán de tener hojas de referencia o un conjunto de ejemplos resueltos siempre que estén trabajando en problemas de medición. Es posible que necesiten evaluaciones alternativas, como hablar sobre medidas en lugar de completar hojas de trabajo, para demostrar el conocimiento.

Cuatro etapas del desarrollo de las matemáticas:

Cardinalidad: Representaciones no simbólicas y simbólicas de cantidades.

Comparación: Decidir entre cantidades mayores y menores.

Resolución de problemas: construir un puente entre lo conocido y lo desconocido.

Medida: longitud, peso, volumen y otras descripciones de capacidad.

Estudio de Caso 1: Cheryl

Cuando conocí a Cheryl, ella estaba ingresando a cuarto grado pero estaba atrapada en el trabajo de matemáticas del jardín de infantes. Su escuela no estaba dispuesta a dejar que siguiera adelante hasta que hubiera terminado correctamente el libro de matemáticas del jardín de infantes. Cheryl fue diagnosticada con dislexia y discalculia; los maestros y el personal administrativo de su escuela entendían la dislexia como una discapacidad de lectura, pero no estaban familiarizados con el término "discalculia". Cheryl, sus maestros y sus padres estaban frustrados con la incapacidad de Cheryl para hacer el trabajo por debajo del nivel de grado. Sus maestros no le darían trabajo de nivel de grado hasta que pudiera dominar sus hojas de trabajo originales. No sabía qué estaba haciendo mal o qué hacer de manera diferente, y se sentía incapaz de alcanzar esta meta. Los padres de Cheryl decidieron trasladarla a una pequeña escuela privada que podría ser más adecuada para satisfacer sus necesidades de aprendizaje. La escuela me recomendó como especialista en matemáticas que podría ayudar.

La mamá de Cheryl, Cynthia, me llamó para hablar sobre las tutorías de verano. No sabía si había mucha esperanza para su hija. Cheryl ya tenía cuatro años de dificultades matemáticas detrás de ella, y parecía que estaba destinada a nunca entender los números. Las metas de la familia para Cheryl eran ver si podía hacer algo de matemáticas y hacer que su experiencia escolar fuera más positiva. Cynthia y su esposo no estaban preocupados de que Cheryl llegara al nivel de matemáticas de su grado. Su madre "nunca había sido una gran persona para las matemáticas" y no querían establecer metas irrazonables o hacer que Cheryl se sintiera más presionada de lo que ya se sentía. Me dijo que Cheryl era muy tímida y que no estaba muy contenta con las matemáticas, especialmente durante el verano. Establecimos un programa de sesiones de una hora, una vez por semana, para ver de lo que Cheryl podría ser capaz.

Cheryl fue cortés pero retraída, comprensiblemente. Sus experiencias vividas con matemáticas y profesores de matemáticas fueron universalmente negativas. Se quedó en su habitación hasta que su mamá la hizo salir. No hizo contacto visual conmigo y no tenía mucho que decir. Sabía que saltar con herramientas matemáticas estándar (lápiz, papel, hojas de trabajo) la cerraría aún más, así que comencé nuestro trabajo haciéndole preguntas. ¿Cómo se sintió acerca de las matemáticas? ¿Cómo se sentía ella misma como matemática? ¿Con qué temas de matemáticas se sintió bien o, al menos, con cuáles se sintió menos mal? Por cada respuesta basada en la emoción que dio ("Lo odio", "las matemáticas me ponen triste"), reafirmé sus sentimientos ("Puedo entender eso", "Probablemente yo también me sentiría así") sin intentar cambiar o desafiar lo que dijo. Cuando habló sobre sus experiencias matemáticas pasadas en la escuela o en casa, me alié con ella ("Eso debe haber sido increíblemente frustrante" o "No es de extrañar que no quisieras intentarlo después de eso"), en lugar de pidiéndole que viera las cosas desde el punto de vista de un adulto. Cuando hablaba de temas matemáticos que la asustaban, yo la tranquilizaba, en lugar de contradecir sus sentimientos ("Oh, sí, las fracciones son lo peor. Lo arreglaremos, pero no para un tiempo. ¡Tenemos mucho tiempo antes de preocuparnos por hacer eso!"). Descubrí que este enfoque es vital para ayudar a los estudiantes con dificultades: primero, reúnase con ellos donde están, sin juzgarlos. Valide sus sentimientos sin pedirles que validar los sentimientos de los demás Reconocer sus desafíos y luchas sin hacerlos sentir mal por tener a ellos. Escucho a muchos maestros y padres que son bastante buenos en la primera mitad (encuentran a los estudiantes donde están, validan los sentimientos, reconocen las luchas) pero terribles en la segunda mitad (sin juzgar, sin faltar el respeto a sus sentimientos, sin hacer que el estudiante se sienta inadecuado).

Le pedí a Cheryl que eligiera un tema relacionado con las matemáticas del que quisiera hablar. Ella eligió formas. Sentía que sabía qué eran las formas, pero siempre obtenía puntuaciones bajas en su trabajo y quería saber por qué. "Ok", dije, "piensa en todo lo que sabes sobre las formas y dime lo que sabes". Podía describir formas por sus nombres ("Bueno, hay triángulos, cuadrados y círculos"), pero estaba confundida por sus elementos de diseño (es decir, el número de lados). "Está bien", dije, "quiero que mires alrededor de la casa y me encuentres ejemplos de todas las formas diferentes que se te ocurran". Volvió con una caja de cereales y un cuenco. Hablamos sobre los nombres de estas formas y lo difícil que es encontrar un artículo con forma de triángulo por ahí, a menos que haya una bolsa de Doritos a mano. Decidimos hacer un cartel de formas, y ella quería poner los nombres de cada forma dentro de la forma del cartel, porque cuando miraba una página llena de objetos y palabras, no siempre estaba segura de cuáles iban juntos. En este punto, aprendí tanto como Cheryl ese día. Me di cuenta de que tenía una desconexión entre el texto, los dibujos y los objetos; no estaban codificados juntos en un solo concepto. Una vez que identificamos esta desconexión, hicimos un cartel con formas grandes para que Cheryl pudiera escribir el nombre de la forma y sus características dentro de la forma misma. También usamos colores para unir toda la información importante. ¡Viola! Cheryl nunca volvió a tener una pregunta sobre las formas.

Muchas de las dificultades matemáticas de Cheryl provinieron de este tipo de desconexión. Una vez que identificamos una desconexión, inmediatamente creamos las conexiones necesarias a través de discusiones, creatividad y objetos del mundo real. Cheryl progresó rápidamente y saltamos a temas de matemáticas de nivel de grado, fijando su base a medida que avanzábamos. Usamos herramientas de apoyo (una calculadora, sus notas de nuestras sesiones) en todo momento. Cheryl pudo aprobar matemáticas de cuarto grado y se mantuvo al nivel de su grado. Cinco años después, se ha convertido en una estudiante de matemáticas comprometida y segura de sí misma que cree que puede aprender cualquier tema matemático. ¡Incluso clasifica las matemáticas como una de sus materias favoritas! Cheryl todavía usa su calculadora y confía en gran medida en sus notas, de la misma manera que una persona miope usa sus anteojos para siempre.

Comprender, maestro, recordar: Desde el nacimiento hasta el prejardín de infantes

El desarrollo humano puede ser relativamente lineal, pero está altamente individualizado. Los estudiantes con discalculia tienen un desarrollo atípico. Pasarán por las mismas etapas del pensamiento matemático que otros niños, pero a un ritmo más lento. Dado que las fases de la primera infancia suelen durar desde el nacimiento hasta los seis años de edad, es posible que los signos de desarrollo atípico no sean una señal de alerta hasta que el niño esté en segundo o tercer grado. Algunos niños de floración tardía se pondrán al día con sus compañeros por su cuenta. Algunos tendrán bajo nivel de aritmética, ansiedad matemática o antecedentes de trauma, y pueden ponerse al día con sus compañeros a través de intervenciones específicas. Para algunos, el tiempo y las intervenciones no harán una diferencia significativa; esto puede ser un signo de discalculia.

Comprender.

En todas las culturas, en todo el mundo, los humanos han desarrollado una comprensión de uno, dos y tres objetos. En algunas culturas comunitarias, las cantidades superiores a tres son simplemente más. Esta comprensión numérica elemental proviene de la interacción con nuestro entorno. Por ejemplo, tan pronto como ganamos control motor, comenzamos a recoger cosas. Agrupamos las cosas en montones. Movemos objetos de aquí para allá y dentro y fuera de los contenedores. El pensamiento matemático proviene de interactuar y hacer algo. Cuando tomamos un grupo de objetos diferentes (algunos lápices, algunos bloques, algunas monedas) y los separamos en montones (tres lápices, tres bloques, tres monedas), creamos una conexión entre la cantidad y la palabra "tres". Practicamos este concepto contando todo tipo de objetos que podamos encontrar: tres autos, tres zanahorias, tres sillas, tres amigos, etc. Luego nos alejamos de los objetos concretos y pensamos en "tres" como una cantidad en sí misma. Más tarde, a medida que construimos nuestra línea numérica mental, reconocemos que "tres" está a la derecha del cero pero a la izquierda del cinco. También podemos comparar tres como más de dos pero menos de cuatro, y podemos codificar los sonidos fónicos de th/rē como separados de tr/ē. El sonido de tr/ē se puede codificar en una imagen de un roble, un arce o un abeto azul. Algunos investigadores creen que la discalculia podría implicar un problema de codificación entre cantidades, números arábigos y palabras escritas (Figura 2).

Figura 2. *Codificación y cognición numérica*

Dígito Arábigo	Forma de la palabra	Representación de objetos
3	three	o o o

El cerebro codifica la información numérica de tres maneras: el número arábigo, la palabra escrita y hablada que representa la cantidad y una representación concreta basada en objetos de la cantidad. Los investigadores cuestionan si la discalculia se debe a un problema de codificación subyacente. ©EduCalc Aprendizaje 2021.

Maestro.

Los padres y los primeros educadores juegan un papel clave en el desarrollo de la aritmética más allá de uno, dos, tres. Es importante que los educadores recuerden que los niños pequeños aprenden a través del juego (por supuesto, todos los niños a través del juego, pero la mayoría de las escuelas no están equipadas para apoyar el juego como una herramienta educativa para los estudiantes mayores). ¡Crear aritmética debe ser divertido! Debe ser físico, colaborativo y agradable. Debe ser táctil y verbal. Por favor, no intente interrogar a los niños en un programa Head Start sobre correspondencia uno a uno usando hojas de trabajo. En su lugar, simplemente cuente las cosas a lo largo del día y en la escuela o el patio de recreo. Cantar canciones para contar. Señale los números impresos en letreros o puertas. Haga de la aritmética una parte relajante y natural de su día normal. El dominio proviene de la repetición de experiencias placenteras y exitosas. Crea estos eventos y deja que el dominio se desarrolle naturalmente, con el tiempo.

Recordar.

En esta etapa, recordar es una meta prematura. En cambio, esta etapa es donde sentamos las bases para el conocimiento matemático que se puede recordar en años posteriores. Los niños pequeños deberían jugar juegos que desarrollen habilidades de memoria sin el estrés de evaluar la memoria. Los maestros pueden construir la base para recordar en el futuro ayudando a los niños a desarrollar conexiones neurológicas profundas llamadas esquemas. Una descripción básica de un esquema es pensar en él como una nube de ideas. Es una colección de todos los pensamientos, experiencias, recuerdos, emociones y comprensión que tenemos de una palabra o concepto. Los niños desde el nacimiento hasta los 5 años están construyendo sus esquemas y necesitan toda la ayuda y el enriquecimiento que puedan obtener. Deles tantas oportunidades como pueda para construir un esquema alrededor de los números (¡y hágalos divertidos!).

Los esquemas bien desarrollados respaldan la automaticidad. Los estudiantes mayores con discalculia necesitarán esquemas matemáticos sólidos para ayudarlos a comprender y recordar la información matemática que pierde el lóbulo parietal. Necesitarán múltiples experiencias de aprendizaje de operaciones matemáticas básicas, incluidas historias, canciones y reconocimiento de patrones, en lugar de simplemente trabajar con tarjetas didácticas. Necesitarán múltiples experiencias de discusión e identificación de cardinalidad y ordinalidad, comparación y estimación, incluido el uso de objetos, la creación de grupos o dibujos. Use eventos y ejemplos del mundo real con frecuencia. La discalculia no se puede evitar ni superar, ni tiene por qué serlo. Cuando los estudiantes con discalculia reciben el apoyo adecuado a través de adaptaciones y enriquecimiento, tendrán éxito.

¿Qué pasa con las hojas de trabajo?

Algunos programas para la primera infancia usan hojas de trabajo para promover la escritura a mano y otras habilidades que serán útiles más adelante. Sin embargo, aprendemos matemáticas (y casi todo lo demás) interactuando con nuestro entorno, no simplemente imprimiendo símbolos como letras o números. Aléjese de las hojas de trabajo y dé objetos a los niños. Permítales contar, clasificar, ordenar, combinar, apilar y separar al contenido de su corazón. Contar tres bloques hoy, tres muñecas mañana y tres carros de juguete al día siguiente genera cardinalidad. Colocar el bloque rojo en primer lugar, el bloque amarillo en segundo lugar y el bloque verde en tercer lugar construye la ordinalidad. Ordenar y combinar crea reconocimiento de patrones. Mostrarte sus creaciones genera confianza y autoestima. Escuchar elogios por su trabajo crea una definición de sí mismo como matemático.

Capítulo 1 Preguntas y Ejercicios

1. Las personas con discalculia pueden mejorar en matemáticas con práctica adicional. Verdadero o Falso

2. Muchas personas tienen dificultades con las matemáticas porque no son buenos estudiantes. Verdadero o Falso

3. La discalculia afecta al 8-12% de la población. Verdadero o Falso

4. Los tres indicadores clave de la discalculia incluyen:
    a. Bajos puntajes en matemáticas, mala actitud de aprendizaje y velocidad de trabajo.
    b. Problemas para decir la hora y trabajar con dinero, y olvidar las operaciones matemáticas.
    c. Velocidad, habilidades de estudio y decir la hora.

5. Las cuatro etapas del desarrollo matemático temprano son:
    a. Cardinalidad, comparación, resolución de problemas y medición.
    b. Saltar conteo, comparación, clasificación de formas y medición.
    c. Cardinalidad, principios de conteo, resolución de problemas y ética de trabajo.

6. ¿De dónde viene la discalculia?
    a. Genética.
    b. Lesiones Cerebrales.
    c. Ambos son posibles.

7. ¿Cuáles de los siguientes son trastornos específicos del aprendizaje?
    a. Dislexia, TDAH, ELL.
    b. Discalculia, dislexia, disgrafía.
    c. Cualquier reto de aprendizaje.

8. ¿Que es subitizacion?
    a. Estimación automática de importes.
    b. Una forma de sustracción.
    c. Un tipo de instrucción matemática.

9. Escriba una reflexión de 250 palabras sobre el caso de estudio. ¿Has tenido una experiencia similar con un estudiante? ¿Cómo hubiera abordado ayudar a este estudiante?

10. Escriba una reflexión de 250 palabras que describa las habilidades matemáticas tempranas desde el nacimiento hasta los cinco años de edad.

Notas finales

1 Butterworth, B., Varma, S. y Laurillard, D. (2011). Discalculia: Del cerebro a la educación. *Ciencia*, 332(*6033*), 1049-1053.

2 Horowitz, S. H., Rawe, J. y Whittaker, M. C. (2017). El estado de las discapacidades del aprendizaje: Comprender el 1 de cada 5. Nueva York: Centro Nacional para las Discapacidades del Aprendizaje.

3 Kaufmann, L., Mazzocco, M. M., Dowker, A., von Aster, M., Goebel, S., Grabner, R. y Rubinsten, O. (2013). La discalculia desde una perspectiva evolutiva y diferencial. *Fronteras en Psicología*, 4, 516.

4 Geary, DC (2011). Consecuencias, características y causas de las discapacidades del aprendizaje matemático y el bajo rendimiento persistente en matemáticas. *Revista de Pediatría del Desarrollo y del Comportamiento*: JDBP, 32(*3*), 250.

5 Butterworth, B. (2005). El desarrollo de las habilidades aritméticas. *Revista de Psiquiatría Infantil* 46, 3–18.

6 Shalev, R. S. y Gross-Tsur, V. (2001). Discalculia del desarrollo. *Neurología pediátrica*, 24(*5*), 337-342.

7 Price, G. R. y Ansari, D. (2013). Discalculia: Características, causas y tratamientos. *Aritmética*, 6(*1*), 1-16.

8 Bélanger, P. (2011). Teorías del aprendizaje: Discusión. Teorías en el Aprendizaje y la Educación de Adultos (49-52).

9 Él, Y., Zhou, X., Shi, D., Song, H., Zhang, H. y Shi, J. (2016). Nueva evidencia sobre la relación causal entre la agudeza del Sistema numérico aproximado (ANS) y la capacidad aritmética en estudiantes de escuela primaria: un análisis longitudinal cruzado. *Fronteras en Psicología*, 7, 1052.

10 Mazzocco, M. M. y Thompson, R. E. (2005). Predictores de jardín de infantes de discapacidad en el aprendizaje de matemáticas. *Investigación y práctica sobre discapacidades del aprendizaje*, 20(*3*), 142-155.

11 Asociación Americana de Psiquiatría. (2013). Manual Diagnóstico y Estadístico de los Trastornos Mentales (5ª ed.). Arlington, VA.

12 Reinhold, M. (1951). Algunos aspectos clínicos de la función cortical humana. *Cerebro*, 74(*4*), 399-431.

13 Dehaene, S. (2011). El sentido numérico: cómo la mente crea las matemáticas. OUP EE.UU.

14 Eliez, S., Blasey, C. M., Menon, V., White, C. D., Schmitt, J. E. y Reiss, A. L. (2001). Estudio de imágenes cerebrales funcionales de las habilidades de razonamiento matemático en el síndrome velocardiofacial. *Genética en Medicina*, 3(1), 49-55.

15 Grabner, R. H., Ansari, D., Reishofer, G., Stern, E., Ebner, F. y Neuper, C. (2007). Las diferencias individuales en la competencia matemática predicen la activación del cerebro parietal durante el cálculo mental. *Neuroimagen*, 38(*2*), 346-356.

16 Cook, BG (2001). Una comparación de las actitudes de los maestros hacia sus estudiantes incluidos con discapacidades leves y severas. *La Revista de Educación Especial*, 34(*4*), 203-213.

17 Universidad del Estado de Ohio. (4 de abril de 2019). Una 'brecha de un millón de palabras' para niños a los que no se les lee en casa: esa es la cantidad de palabras menos que algunos pueden escuchar en el jardín de infantes. *Ciencia diaria*.

Capítulo 2: Discalculia en los grados K-2

"Los niños adquieren conocimientos a través de la experiencia en el entorno."
-- María Montessori

"Jardines infantiles". Así se llamaba el jardín de infancia, un invento alemán que data de mediados del siglo XIX. La clase de jardín de infantes de hoy podría llamarse con mayor precisión "Topiario infantil", donde los niños de cinco años se moldean para que se sienten en sillas y completen hojas de trabajo lectores de libros de capítulos sin problemas de comportamiento. Con demasiada frecuencia, hay más estrés ansioso que un florecimiento mágico, con resultados nefastos para los niños en crecimiento. De 2016 a 2022, los Centros para el Control de Enfermedades informaron tasas más altas de ansiedad infantil.9 The Journal of the American Academy of Pediatrics informa tasas más altas de episodios depresivos mayores (MDE, por sus siglas en inglés) en niños de hasta doce años. Después de años de estar bajo estrés, los niños mayores tienen habilidades de funciones ejecutivas subdesarrolladas, baja autoestima, poco autocontrol, autorregulación y malas habilidades de afrontamiento.9 Sin embargo, cuando aliviamos los factores estresantes y permitimos que los niños sean niños en paz, experiencias alegres, estas tendencias negativas se pueden evitar.

Los estudiantes con Trastornos Específicos del Aprendizaje experimentan una mayor cantidad de estrés y tienen una autoestima más baja que sus compañeros, lo que agrega otra barrera al rendimiento académico. Un creciente cuerpo de investigación muestra formas específicas en que el estrés y la ansiedad bloquean el aprendizaje, la memoria y el recuerdo al poner el cerebro en modo de supervivencia, liberando e inhibiendo sustancias químicas importantes como la serotonina y la adrenalina.5 Los educadores de la primera infancia deben estar atentos a los signos de estrés en el aula mientras los niños están aprendiendo y practicando nuevas habilidades. Las lágrimas, los dolores de estómago, la organización obsesiva o los puños apretados pueden ser signos de frustración.9 Cuando los niños pequeños muestren signos de estrés, aléjese de la rigidez y déjelos que se diviertan. El juego crea un hermoso jardín donde todos los niños pueden florecer.

Discalculia en Educación Inicial

Aproximadamente entre los tres y los siete años, los niños pasan por cinco etapas amplias de comprensión de las operaciones matemáticas: emergente, perceptual, figurativa, inicial y fácil. Todos los niños pasan por cada fase según su propio ritmo de desarrollo, y algunos niños tardan más que otros en dominar estas habilidades. Sin embargo, no todos los niños que tienen dificultades tienen discalculia, lo que dificulta distinguir el desarrollo más lento de la neurodivergencia. El dominio de estas etapas tempranas (emergente, perceptual, figurativa e inicial) crea la base para comprender con éxito un plan de estudios formal de matemáticas, como los que se usan más allá del segundo grado.

Desarrollo de competencias matemáticas

La etapa emergente comienza cuando los niños dicen los números en orden (uno, dos, tres, cuatro, etc.), generalmente mientras cuentan con los dedos o cuando cuentan un grupo de objetos. Luego, conectarán estas palabras y cantidades con símbolos árabes (1, 2, 3, 4, etc.).7 Pueden señalar un número escrito, como 2, y nombrarlo correctamente ("¡dos!"). La etapa emergente se define conectando un número a una cantidad, por ejemplo, sabiendo que esta cantidad de objetos * * * coincide con la palabra "tres" y el símbolo árabe "3". Esto se llama correspondencia uno a uno.

La correspondencia uno a uno se domina cuando los niños también pueden decir que * * * no coincidiría con la palabra "cinco" o el símbolo árabe "7". Los niños con discalculia pueden mostrar dificultad para relacionar un número con una cantidad de objetos, o pueden pasar más tiempo contando objetos físicamente mucho después de que sus compañeros cuenten mentalmente un grupo de objetos [3]. Los maestros de la primera infancia hasta el segundo grado deben ofrecer tantas oportunidades para contar objetos como sea posible. Si los niños son lentos para desarrollar la correspondencia uno a uno, o si son lentos para contar mentalmente un grupo de objetos, déles objetos concretos con los que trabajar. Deles tiempo adicional para responder preguntas porque cuentan desde uno, cada vez, para cada problema.

En la etapa de percepción, los niños pueden sumar cantidades visibles: si tienen tres bloques y dos bloques, pueden combinarlos en cinco bloques. Si se les da una imagen de seis estrellas y otra imagen de una estrella, pueden combinarlas para obtener un total de siete estrellas. Sin embargo, necesitan una representación física de cantidades para poder sumar; no están listos para mirar un número escrito (4) y crear una imagen mental de esta cantidad (◇◇◇◇) [4,12]. Para un adulto, parece que están sumando de la misma manera que nosotros: usando un recta numérica y un algoritmo interno del proceso de suma, pero tienen una capacidad limitada para comprender el conteo cuando no tienen objetos concretos.[11] Es posible que no estén listos para sumar usando solo números arábigos escritos, incluso si parecen estar sumando con fluidez. Los estudiantes con discalculia no desarrollarán esta fluidez, incluso con práctica repetida. Esto sigue siendo cierto durante el primer, segundo e incluso tercer grado. Los estudiantes con discalculia confían en métodos de conteo inmaduros por más tiempo que sus compañeros.

La etapa del número figurativo consiste en contar cada elemento en lugar de contar a partir de un número. Por ejemplo, a un estudiante se le puede dar el problema 3 + 2, y levantará tres dedos de una mano, diciendo "uno, dos, tres". Luego levantarán dos dedos de la otra mano, diciendo "¡cuatro, cinco!". Esta es una etapa crucial del conteo y no se debe apresurar a los niños en este proceso. Pregunte a cualquier entrenador deportivo o profesor de música con qué frecuencia practican los conceptos básicos y siempre responderán. Sin embargo, en matemáticas, nos gusta ver a los estudiantes avanzar lo más rápido posible sin tener que revisar las habilidades anteriores. Esto es un error. Los estudiantes sin discalculia pronto levantarán tres dedos, no dirán nada y luego contarán hasta cinco. Esto se debe a que están construyendo una línea numérica mental con la que pueden contar. Es posible que los estudiantes con discalculia nunca den este paso, porque no desarrollan una recta numérica mental al mismo tiempo o de la misma manera que sus compañeros. Tener objetos para contar, fomentar el conteo con los dedos y usar una tabla del 1 al 100 son rectas numéricas externas que son adaptaciones apropiadas para estos estudiantes.

La siguiente es la etapa inicial del número. Los niños en la etapa inicial son capaces de conectar símbolos de operaciones como + o - con los conceptos de contar más o quitar algunos.[1]

Saben que cada número escrito está ligado a una cantidad específica, lo que significa que el símbolo "3" solo puede coincidir con el conjunto ◇◇◇ pero no el conjunto ◇◇◇◇◇.[7] Sin embargo, los niños con discalculia pueden necesitar contar cada diamante en cada conjunto antes de saber cuál tiene 3 y cuál tiene 5. Para estos niños, la etapa inicial dura más larga que para otros niños, debido al lóbulo parietal más débil. En este momento, no hay estudios publicados sobre intervenciones que puedan fortalecer esta habilidad. Esta es la razón por la cual el uso de adaptaciones adecuadas es crucial para los estudiantes con discalculia, de la misma manera que usar anteojos es apropiado en todo momento para los estudiantes con problemas de visión.

La mayoría de los niños en esta fase pueden contar fácilmente tanto hacia adelante del 1 al 5 como hacia atrás, del 5 al 1, pero esto no es cierto para los estudiantes con discalculia y los maestros pueden ver que los estudiantes tienen dificultades para contar hacia atrás a partir de un número, restar números y comprender la división, incluso después de dominar el conteo, la suma o la multiplicación. Una vez más, las herramientas de apoyo externo, como el uso de objetos o tablas de 1 a 100, ayudarán a estos estudiantes a completar el trabajo correctamente. Obtener la respuesta correcta es una parte clave del material de aprendizaje en cualquier clase. Los estudiantes necesitan experiencias exitosas sobre las cuales reflexionar antes de que puedan crear conexiones neuronales sólidas. Tener "razón" facilita el aprendizaje.

La siguiente es la etapa del número fácil. Es el bloque de construcción final de la base matemática de un niño pequeño. Esta es la fase en la que las estrategias de conteo se vuelven más avanzadas, los hechos básicos se recuerdan rápidamente y los estudiantes comienzan a ser etiquetados como "buenos" o "malos" en matemáticas.[12] Un indicador de la etapa de números fáciles es cuando los estudiantes usan dobles para calcular más rápido: si se les da el problema matemático 5 + 6, pueden pensar que 5 + 5 es 10 y 6 es uno más que 5, por lo que la respuesta debe ser uno más que 10. Los estudiantes con discalculia no usarán esta estrategia de duplicación durante cualquier etapa del desarrollo matemático o personal, incluso en la edad adulta. De hecho, muchos atajos y trucos matemáticos son indescifrables para las personas con discalculia. Simplemente no tienen sentido y, por lo tanto, no ayudan.

Ver estudiantes que son incapaces de usar estas estrategias para ahorrar tiempo puede ser frustrante para los educadores que se sienten cómodos usando atajos y trucos de cálculo mental. Es importante saber que estas estrategias, si bien le ahorran tiempo a usted, son todo lo contrario para sus alumnos. Por ejemplo, si le pide a un estudiante que sume 7 y 2, un estudiante con conocimientos de aritmética bien desarrollados puede responder "siete, ocho, nueve", porque comienzan en 7 y continúan. Si bien la estrategia de "contar con" funciona, requiere muchas conexiones neuronales que algunos estudiantes no tienen. Para ellos, pensar en la estrategia requiere más energía mental, no menos. Un estudiante con dificultades puede necesitar contar sus dedos, de uno a siete, luego levantar dos dedos adicionales para decidir la cantidad total; esto puede ser un signo de bajo nivel de aritmética o de discalculia.[1] Los estudiantes con discalculia siempre demuestran un retraso en el desarrollo de habilidades avanzadas.[3]

Algunos investigadores creen que la discalculia se debe a una deficiencia de codificación entre los números arábigos, la forma de las palabras y la cantidad. Los maestros pueden usar múltiples estrategias para apoyar la codificación y deben brindar amplias oportunidades para practicar la codificación. Esto puede provenir de jugar juegos de combinación, juegos de cartas o exhibir carteles con números, palabras e imágenes. Los gráficos del 1 al 100 y las rectas numéricas deben mostrarse en el salón de clases y los estudiantes deben tener una copia en su escritorio. Las canciones, los libros y los rompecabezas que fortalecen el conteo deben incorporarse a las actividades diarias. Los educadores de primaria pueden usar la instrucción multimodal para enriquecer el desarrollo y crear una base matemática sólida.

Subitización, cardinalidad y ANS en la escuela primaria

La subitización y la cardinalidad son parte del Sistema numérico aproximado (ANS), nuestra capacidad mental para comprender la cantidad. En niños muy pequeños, ANS se mide mediante subitización (hacer coincidir un conjunto de puntos con un número arábigo). Muchos de nosotros estamos familiarizados con conjuntos de puntos en dados y naipes, y automáticamente sabemos cuántos puntos hay en un conjunto (Figura 3). La subitización es la capacidad de mirar el cuadro de la izquierda y saber que contiene tres círculos, y que el cuadro de la derecha contiene diez círculos. La cardinalidad es entender que el símbolo escrito "10" corresponde a los diez círculos, la forma verbal "t-e-n", y que el dígito 10 se aplica a 10 círculos, o 10 manzanas, o 10 caballos, o cualquier grupo de 10 objetos. Los niños con discalculia no desarrollan subitización y pueden tener problemas con la cardinalidad. En años posteriores, la subitización sigue siendo débil y los discalcúlicos a menudo informan que continúan contando con los dedos y que necesitan más tiempo para pensar en objetos, cantidades y números hasta bien entrada la edad adulta.

Figura 3. *Subitización y cardinalidad.*

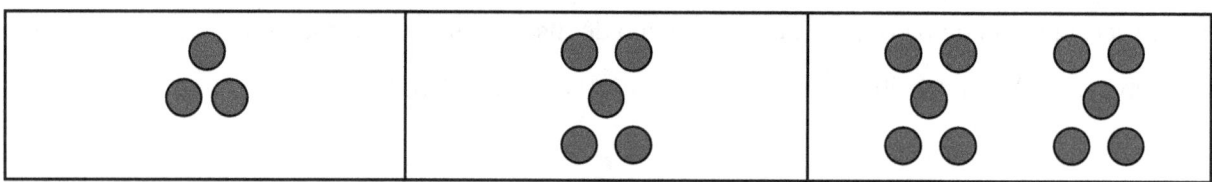

La subitización es la capacidad de echar un vistazo a los cuadros y saber que el cuadro de la izquierda contiene tres puntos, mientras que el cuadro de la derecha tiene diez puntos. La cardinalidad es el entendimiento de que el número "5" describe solo la cantidad contenida en el cuadro del medio, pero no la cantidad contenida en los otros dos cuadros. Estas dos habilidades son la base del Sistema Numérico Aproximado. © 2021 EduCalc Aprendizaje

Podemos evaluar el desarrollo de ANS mostrando a los alumnos dos grupos de puntos y preguntando qué conjunto "es más grande". para ocupar más espacio, en lugar de comparar la cantidad de puntos en cada conjunto.[3] A medida que nuestro SNA se vuelve más fuerte y automático, toma menos tiempo mirar el primer conjunto en la Figura 3 y pensar "3" o el último conjunto. y piensa "10". Esta automaticidad nos ayuda a estimar cantidades, comprender el valor posicional y la agrupación, y comparar cantidades. También nos ayuda a trabajar más rápido, usando menos energía mental. Sin embargo, los estudiantes con discalculia contarán cada punto, en cada conjunto, cada vez. Es posible que nunca desarrollen la automaticidad; por lo tanto, siempre trabajan más duro y usan más energía mental que sus compañeros.

En este momento, no sabemos lo suficiente sobre cómo se desarrolla el Sistema numérico aproximado o cómo fortalecerlo en los estudiantes que tienen problemas de aprendizaje.

Sabemos que el SNA es clave para el cálculo matemático automático [6]. Sabemos que la práctica matemática repetida no fortalece el SNA en niños menores de doce años [6]. Sabemos que las personas con discalculia tienen un SNA menos desarrollado, incluso en la edad adulta [6]. Por estas razones, jugar juegos o guiar a los estudiantes en actividades para el desarrollo del SNA ayudará a la mayoría de los estudiantes, pero es posible que aquellos con discalculia nunca desarrollen la misma automaticidad que sus compañeros. Está bien; los trastornos del aprendizaje como la discalculia no son problemas que debamos solucionar. Son diferencias neurológicas que debemos abordar. Ofrecer a los estudiantes con discalculia el apoyo adecuado durante todas las actividades matemáticas es la mejor manera de aumentar su dominio matemático. Este apoyo proviene del uso de gráficos del 1 al 100, el uso de una recta numérica, el uso de contadores u otros manipuladores, o el uso de una calculadora.

No todas las dificultades son signos de un trastorno del aprendizaje. La discalculia está presente desde el nacimiento, pero por lo general no se identifica antes del tercer grado más o menos. Esto se debe en parte a la amplia gama de edades en que los niños alcanzan las etapas de desarrollo; por ejemplo, contar con precisión del 1 al 10 puede suceder entre los cuatro y los seis años, y un programa de intervención podría ayudar a un alumno más lento a dominar esta habilidad. Empezamos a pensar en posibles problemas de aprendizaje cuando las intervenciones aplicadas no marcan la diferencia. Los estudiantes que simplemente están aprendiendo a su propio ritmo mostrarán una mejora, generalmente permanente, después de recibir intervenciones y ayuda adicional. Los estudiantes que tienen discalculia seguirán teniendo problemas con cosas como contar, contar desde cualquier número y sumar, incluso después de intervenciones repetidas.[3] No desarrollarán la automaticidad ni la fluidez numérica. Las tarjetas flash no ayudarán. La tarea adicional no ayudará. Sin embargo, el uso de una recta numérica o una tabla del 1 al 100 durante el trabajo en clase, la tarea, las pruebas y los exámenes ayudará. Los educadores deben saber que usar sistemas de apoyo requiere más tiempo y esfuerzo que trabajar con fluidez. El uso de adaptaciones adecuadas no infla el rendimiento. El uso de adaptaciones no hará que las tareas sean inherentemente más fáciles para los estudiantes, solo hacen que el trabajo sea manejable.

Estudio de caso 2: Ernesto

Ernesto era alumno de mi clase de primer grado; su hermano Miguel estaba en el jardín de infantes, pero haciendo el trabajo de primer grado, por lo que estaban juntos con frecuencia. Por suerte se llevaban muy bien y Miguel era un consuelo para Ernesto, quien frecuentemente se ponía ansioso y nervioso en clase. Sin embargo, a medida que avanzaba el año, Ernesto se dio cuenta de que Miguel se dio cuenta más rápido; su hermano menor podía leer más palabras con fluidez, podía sumar y restar más rápido con menos errores y podía responder más preguntas rápidamente. Ernesto pasó más tiempo en instrucción en grupos pequeños o en sesiones de recuperación individuales para mejorar sus habilidades de lectura y matemáticas. Los padres de Ernesto no estaban interesados en hacerle pruebas de trastornos del aprendizaje porque no querían que fuera "etiquetado" o que "se sintiera diferente". La ironía es que Ernesto ya se sentía diferente, pero sin probar, no entendía por qué.

Sospecho que Ernesto tiene discalculia porque nunca se sintió cómodo con los números, incluso cuando usaba una tabla del 1 al 100 o una recta numérica. Se acercó a ellos como si los estuviera viendo por primera vez, cada vez. Nunca llegó a disfrutar de la clase de matemáticas. Cuando sumaba, sus respuestas a menudo estaban a uno o dos dígitos de ser correctas. Sumaría 6 + 4 a 9 u 11, en lugar de 10. Usar una tabla de 1 a 100 lo ayudó, pero solo cuando colocó correctamente los dedos. En los días en que estaba cansado, malhumorado o frustrado, movía los dedos a lo largo del gráfico suavemente, sin contar cada cuadrado. Aprendí a observar su estado emocional y a pedirle que colocara un dedo en cada cuadrado individualmente mientras contaba. En retrospectiva, podría haberle dado una ficha o una moneda de plástico para que se moviera de un cuadrado a otro mientras contaba. No sé con certeza si esto le hubiera ayudado a contar con precisión, pero como docentes, parte de nuestro trabajo es experimentar hasta encontrar una herramienta útil para apoyar a nuestros alumnos. Para los maestros que tienen estudiantes con discalculia, este proceso de prueba y error continúa mucho después de que otros estudiantes hayan desarrollado por su cuenta métodos de conteo confiables y apropiados para su edad.

Al final del año, Ernesto había progresado poco en matemáticas. Su trabajo carecía de dominio, lo cual es importante para construir una base matemática sólida. Tuvo pocas experiencias matemáticas exitosas sobre las cuales reflexionar. Les informé a sus padres sobre mis preocupaciones y les dije que, cuando un estudiante sigue atascado o frustrado trabajando con números más pequeños, esto puede ser una señal de que se necesitan más pruebas de diagnóstico. Se resistieron a más pruebas, lo cual era su derecho. Continué ofreciendo a Ernesto apoyo adicional animándolo a usar tablas del 1 al 100, animándolo a trabajar con precisión y asignando menos problemas a la vez.

Me gustaría poder informar sobre las competencias matemáticas de Ernesto hoy, pero la familia cambió de escuela y no he tenido noticias de ellos. Los maestros tienen un año escolar, 180 días cortos, para lograr el mayor impacto posible antes de que nuestros estudiantes abandonen el salón de clases. Ernesto y Miguel no solo dejaron mi habitación, sino también la escuela, ya que la familia se mudó a un nuevo distrito. Los maestros de clase rara vez escuchan sobre los futuros éxitos o dificultades de un estudiante, y esto fue cierto para mí en el caso de Ernesto. Espero que sus futuros maestros notaron que sus luchas no eran típicas y que pudieron continuar brindándole las intervenciones y adaptaciones que lo ayudarían a progresar en la escuela.

Comprender, Maestro, Recordar: Jardín de infantes a 2do grado

La escuela primaria temprana es un momento de nuevos comienzos y de construcción de cimientos. Ningún maestro o padre espera ver un trastorno del aprendizaje en niños muy pequeños, y nos gusta darles a los estudiantes tiempo para que se pongan al día antes de etiquetar a alguien como alguien que tiene una barrera seria para el aprendizaje. Sin embargo, los signos de discalculia son evidentes en niños muy pequeños. Los maestros que saben qué buscar pueden ofrecer enriquecimiento e intervenciones que pueden preparar a los estudiantes con discalculia para que den lo mejor de sí en los próximos años.

Comprender.

Quizás lo más importante que hay que entender acerca de los estudiantes de matemáticas de primaria es que están haciendo matemáticas de niños, no matemáticas de adultos, aunque estas dos cosas parezcan iguales para un observador externo. Podemos entregar una hoja de trabajo de adición a un estudiante de segundo grado, un estudiante de cuarto grado y un estudiante universitario, y observar cómo cada uno de ellos escribe sus respuestas. Visualmente, parece que todos están haciendo lo mismo: sumar. En realidad, lo más probable es que el estudiante universitario esté recuperando hechos memorizados sin ponderar cantidades o conjuntos totales de ninguna manera.[13] El estudiante de segundo grado podría estar contando explícitamente objetos discretos (como sus dedos) o imaginando imágenes de objetos distintos mientras los cuenta mentalmente.[6] La comprensión y el trabajo del alumno de cuarto grado podrían estar en cualquier punto intermedio.[7] Es importante evitar suposiciones acerca de lo que los niños saben en función de lo que están haciendo, porque no podemos saber qué procesos cognitivos están en movimiento simplemente observando a los alumnos mientras trabajan. .1 Pida a los alumnos más jóvenes que le digan cómo obtuvieron su respuesta y elogie sus métodos. Modele otros métodos que podrían probar. Tome nota de sus métodos preferidos y adapte los sistemas de apoyo para satisfacer sus necesidades y capacidades.

Maestro.

¡La mejor manera de dominar el conteo es contar! Todos en el salón de clases deberían estar contando, todo el tiempo. Asegúrese de modelar el conteo todos los días.[12] Los maestros, asistentes, administradores y visitantes pueden contar todos los artículos en el salón de clases, y los estudiantes pueden contar el número de visitantes. En las aulas de jardín de infantes y primer grado, sostenga los artículos mientras los cuenta. Señale un cartel de clase de números en forma de palabra mientras cuenta y sostiene un objeto. Asegúrate de cometer un error de vez en cuando: di "1, 2, 3, 5... ¡Ups! ¡Olvidé los cuatro! entonces corrígete. Es importante que los estudiantes te vean cometer errores y que vean cómo los reconoces y te recuperas de ellos. Modelar siempre es más efectivo que simplemente contar.

En un mundo perfecto, todas las aulas de todos los grados utilizarían juegos para reforzar el aprendizaje, incluidas las clases de secundaria y preparatoria. Como mínimo, la educación temprana debe incluir tanto tiempo de juego como sea posible.[12] Los juegos de combinación pueden ayudar a los niños a codificar números, formas de palabras y cantidades.[1] Clasificar objetos y describir sus diferencias y similitudes (por número de objetos, color o forma) ayuda a los estudiantes a desarrollar la cardinalidad. [6] Los maestros deben reforzar los métodos de conteo concretos y no dejarse engañar por un estudiante que parece estar usando métodos más avanzados de conteo, suma o resta. Los niños desarrollan habilidades a lo largo de un amplio rango de tiempo; construir una base sólida desde el principio es la mejor manera de garantizar futuras competencias matemáticas.

Recordar.

Recordamos información que se ha movido previamente de la memoria de trabajo (también llamada memoria a corto plazo) a la memoria a largo plazo. La memoria de trabajo es como la rampa de entrada a una autopista: rápida, breve, fácilmente congestionada y la única forma de llegar a la autopista. En la educación temprana, la rampa de acceso a la memoria de trabajo conduce a la alfabetización y la aritmética.[10] Múltiples estudios de investigación muestran que las habilidades de la memoria de trabajo son importantes tanto para la lectura como para las matemáticas. De hecho, las habilidades de la memoria funcional en niños de 5 y 6 años son indicadores no solo de la capacidad matemática actual, sino también predictores del rendimiento matemático futuro.[2] Un estudio encontró que la memoria funcional predecía mejor el rendimiento matemático que el rendimiento verbal o desempeño CI.[10] Esto muestra la importancia de los juegos de memoria en los primeros años de la escuela primaria. Los estudiantes de jardín de infantes, primero y segundo grado deben fortalecer sus habilidades de memoria diariamente, a través del juego.

La memoria de trabajo se ve fácilmente afectada por el estrés. Cuando estamos bajo estrés, nuestra memoria a corto plazo retiene menos información, la pierde rápidamente y envía menos información a nuestra memoria a largo plazo.[9] El estrés puede provenir de la escuela, del hogar, de la comunidad o de causas ambientales. Muchas veces, no tenemos idea de qué tipo de estrés actual o de fondo enfrentan nuestros estudiantes. Para los estudiantes con discalculia, la clase de matemáticas genera estrés casi a diario. Los maestros que quieran asegurarse el éxito deben incorporar estrategias de aprendizaje socioemocional con la mayor frecuencia posible. Seguir los principios del aprendizaje socioemocional apoya a todos los estudiantes, especialmente a aquellos con antecedentes de trauma o factores estresantes actuales en sus vidas, y también puede apoyar el desarrollo de la memoria.

Los principios socioemocionales reducen el estrés al ayudar a los estudiantes a manejar sus emociones, sus amistades y sus reacciones ante el mundo que los rodea. Las estrategias socioemocionales en el salón de clases pueden provenir de iniciativas de todo el distrito, o pueden ser tan simples como tener discusiones regulares en la clase. Hable con los jóvenes estudiantes sobre las muchas formas en que pueden resolver problemas; hable sobre los recursos disponibles para ellos, como preguntarle a un maestro, a un amigo, leer un libro o seguir un ejemplo. Juegue juegos que sean interactivos, colaborativos y fáciles para que todos los estudiantes se sientan exitosos. Modele cometer errores y recuperarse de ellos. Modele haciendo preguntas. Cuando las aulas se sienten seguras, el trabajo que hacemos se siente manejable y esto conduce a un mejor aprendizaje.

¿Qué pasa con la tecnología?

Vi una publicación en un foro en línea para maestros de matemáticas en la que un maestro de jardín de infantes pidió referencias de un programa de matemáticas basado en computadora para sus alumnos. En la guardería. Me entristeció la pregunta y la cantidad de respuestas que ofrecían la tecnología como una pieza clave de las experiencias matemáticas tempranas de primaria. Sabemos que la tecnología actúa más como un disparador de dopamina que como una herramienta de aprendizaje. Refuerza la idea de que las respuestas correctas y, por lo tanto, el aprendizaje deben estar vinculados a recompensas externas como campanas, insignias o confeti electrónico. Esto refuerza la motivación externa y socava la motivación interna. La tecnología también puede enmascarar una falta de comprensión cuando el usuario simplemente hace clic en las cosas hasta que obtiene un estímulo de recompensa. No tenemos idea si el estudiante comprende la información o si puede aplicarla a problemas futuros. La tecnología puede ser una gran herramienta en años posteriores, pero su uso en las primeras aulas de primaria debe ser limitado.

Capítulo 2 Preguntas y Ejercicios

1. Los niños desarrollan el pensamiento matemático durante muchos años. Verdadero o falso
2. Practicar matemáticas en hojas de trabajo fortalece el ANS en niños pequeños. Verdadero o falso
3. Los niños con discalculia luchan por desarrollar la automaticidad al contar. Verdadero o falso
4. Las cinco etapas del pensamiento matemático son:

    a. Emerger, practicar, dominar, mostrar y enseñar.

    b. Concreta, abstracta, manipulativa, figurativa y escrita.

    c. Emergente, perceptivo, figurativo, inicial y fácil.

5. La subitización ayuda a las personas a:

    a. Estimar mentalmente y comparar cantidades.

    b. Resta problemas de matemáticas.

    c. Sustituir valores en problemas matemáticos.

6. El Sistema Numérico Aproximado (ANS) incluye:

    a. subitización

    b. Cardinalidad

    c. Ambos son parte de ANS

7. La codificación de conceptos matemáticos incluye:

    a. Coincidencia de cantidad, palabras e imágenes en nuestras cabezas.

    b. Emparejar dos o más ideas en nuestra cabeza.

    c. La cardinalidad y la ordinalidad de los números.

8. Memoria de trabajo:

    a. Es algo que todos tienen en cantidades iguales.

    b. Se ve afectado negativamente por el estrés, pero puede predecir logros posteriores en matemáticas.

    c. Se desarrolla naturalmente con el tiempo y tiene poco impacto en el aprendizaje.

9. Escriba una reflexión de 250 palabras sobre el caso de estudio. ¿Has tenido una experiencia similar con un estudiante? ¿Cómo hubiera abordado ayudar a este estudiante?

10. Escriba un documento de 2-3 páginas que describa una lección de intervención para impulsar una de las siguientes habilidades: subitización, habilidades numéricas o codificación.

Notas finales

[1] Departamento de Educación y Formación. (2003). Desarrollo de estrategias eficientes de aritmética.

[2] De Smedt, B., Janssen, R., Bouwens, K., Verschaffel, L., Boets, B. y Ghesquière, P. (2009). Memoria de trabajo y diferencias individuales en el rendimiento matemático: un estudio longitudinal de primer grado a segundo grado. *Revista de psicología infantil experimental*, 103(2), 186-201.

[3] Dowker, A. (2005). Identificación e intervención temprana para alumnos con dificultades en matemáticas. *Revista de problemas de aprendizaje*, 38(4), 324-332.

[4] Fanari, R., Meloni, C. y Massidda, D. (2018). Memoria de trabajo visoespacial y habilidades matemáticas tempranas en niños de primer grado. Asociación Internacional para el Desarrollo de la Sociedad de la Información.

[5] Fyfe, E. R., McNeil, N. M., Son, J. Y. y Goldstone, R. L. (2014). El desvanecimiento de la concreción en la enseñanza de las matemáticas y las ciencias: una revisión sistemática. *Revista de psicología educativa*, 26(1), 9-25.

[6] Gebuis, T. y Van Der Smagt, M. J. (2011). Falsas aproximaciones del sistema numérico aproximado. *PloS uno*, 6(10), e25405.

[7] Hahkioniemi, M. (2004). Representaciones perceptivas y simbólicas como punto de partida de la adquisición de la derivada. Grupo Internacional para la Psicología de la Educación Matemática.

[8] Laski, E. V., Casey, B. M., Yu, Q., Dulaney, A., Heyman, M. y Dearing, E. (2013). Las habilidades espaciales como predictor del uso de estrategias aritméticas de nivel superior por parte de las niñas de primer grado. *Aprendizaje y diferencias individuales*, 23, 123-130.

[9] Luethi, M., Meier, B. y Sandi, C. (2009). Efectos del estrés en la memoria de trabajo, la memoria explícita y la memoria implícita para estímulos neutrales y emocionales en hombres sanos. *Fronteras en la neurociencia del comportamiento*, 2, 5.

[10] Nevo, E. y Breznitz, Z. (2013). El desarrollo de la memoria de trabajo desde el jardín de infancia hasta el primer grado en niños con diferentes habilidades de decodificación. *Revista de psicología infantil experimental*, 114(2), 217-228.

[11] Osborne, AR (1973). Cargas perceptivas en el aprendizaje de las matemáticas. *El profesor de aritmética*, 20(8), 626-629.

[12] Passolunghi, M. C., Mammarella, I. C. y Altoè, G. (2008). Habilidades cognitivas como precursoras de la adquisición temprana de habilidades matemáticas durante primero y segundo grado. *Neuropsicología del desarrollo*, 33(3), 229-250.

[13] Steffe, LP (2004). PSSM desde una perspectiva constructivista. *Involucrar a los niños pequeños en las matemáticas: Estándares para la educación matemática en la primera infancia*, 221-251.

Capítulo 3: Discalculia en los grados 3-5

"No tengo talento especial. Solo soy apasionadamente curioso."

-- Albert Einstein

Los niños son naturalmente, apasionadamente curiosos. Lamentablemente, muchos niños con discalculia han perdido su curiosidad natural por los números antes de salir de la escuela primaria, después de repetidos fracasos, vergüenzas e indignidades. Los niños con discalculia se enfrentan a años de negatividad y se convierten en adultos con menos confianza en sí mismos, excluidos de muchas carreras y con un potencial de ingresos más bajo.[6] Este camino comienza en los primeros años de la escuela primaria. Está firmemente establecido antes de la escuela secundaria. Gran parte de esta trayectoria es causada por temas de matemáticas de la escuela primaria. Las clases de matemáticas en los grados 3 a 5 ponen un gran énfasis en las cuatro operaciones (suma, resta, multiplicación y división). Se espera que los estudiantes dominen estas operaciones usando números enteros, decimales y fracciones, tanto a través de cálculos como de problemas verbales. Para los estudiantes cuyo lóbulo parietal borra tanto las operaciones matemáticas básicas como los procedimientos de resolución de problemas, estos temas pueden ser muy difíciles de dominar. Los estudiantes que obtienen calificaciones muy bajas en matemáticas elementales pueden ser colocados en cursos de matemáticas de nivel inferior o de recuperación.[6] Comienzan a álgebra más tarde, toman cursos de matemáticas que pueden no cumplir con los requisitos de graduación y no están preparados para los exámenes de ingreso a la universidad. Ganan menos que sus compañeros adultos sin discalculia.[6] El potencial de ingresos de por vida para las personas con discalculia se puede predecir a partir de sus experiencias en la escuela primaria.[6] Los educadores de primaria tienen el poder de cambiar esto mediante la comprensión del cerebro discalculia.

Tiempo, dinero y valor posicional: La discalculia trifecta

Quizás los peores temas matemáticos para las personas con discalculia son la "Discalculia Trifecta": tiempo, dinero y valor posicional. Estos temas se introducen en la educación de la primera infancia y continúan hasta el quinto o sexto grado. ¡Entonces nunca más se supo de ellos! Nadie en Precálculo da cambio con un billete de diez dólares. Dyscalculia Trifecta presenta una amplia variedad de bases de conteo. El valor posicional cambia cada diez unidades. Decir los cambios de hora en al menos siete formas diferentes: los relojes usan 60 minutos, 12 horas, medios y cuartos; los calendarios usan 12 meses, 4 semanas, 7 días (5 para una "semana laboral"). El dinero varía según las monedas y los billetes y las formas de hacer un dólar o cómo dar cambio. ¡A los estudiantes con discalculia les gustaría que elijamos una base y nos apeguemos a ella!

Tener las herramientas de apoyo adecuadas es crucial para aprender la Discalculia Trifecta. Las herramientas de apoyo deben ser fáciles de leer, no visualmente complejas ni abrumadoras.[12] Los ejemplos incluyen relojes manipulables con manecillas móviles, una tabla de 1 a 100 para contar y una hoja de referencia con imágenes de monedas o billetes y sus valores. Estas herramientas son apropiadas para trabajos de clase, tareas, cuestionarios y exámenes. Proporcionan una estructura externa para las personas cuyo lóbulo parietal no desarrolla una estructura interna fuerte y automática a través del SNA. Tenga en cuenta que los estudiantes mayores no utilizarán herramientas diseñadas para niños más pequeños, especialmente frente a sus compañeros. Es vergonzoso ser el único estudiante con un reloj amarillo brillante en su escritorio. Los materiales manipulables deben ofrecer el tipo correcto de apoyo temático y también ser apropiados para la edad.

Tiempo

Decir la hora afecta a las personas con discalculia toda su vida. El tiempo involucra horas, minutos, segundos, días, semanas, meses y años, todos los cuales tienen un sistema base único para contar (excepto minutos y segundos, que usan la base 60). La lectura de relojes analógicos requiere saber qué manecilla señala los minutos y qué manecilla señala las horas; cuál se escribe primero, horas antes de los minutos, a menos que esté diciendo "un cuarto hasta" o "un cuarto después" o "y media" y pensando en el mediodía frente a la medianoche. Las ideas de día y noche, que se dividen nuevamente en mañana, tarde y noche, son difíciles de aplicar a la esfera de un reloj. Aplicar el tiempo transcurrido a las actividades es difícil no solo para las personas con discalculia, sino también para aquellas con problemas de funciones ejecutivas o TDAH. Los adultos con discalculia dicen que siempre llegan tarde o temprano, y se sienten nerviosos por tardar demasiado o por no tener suficiente tiempo. Para las personas con discalculia, el tiempo sigue siendo un revoltijo de confusión.

Una intervención que puede ayudar a los estudiantes a comprender el tiempo transcurrido es un reloj de trabajo (Figura 5). Un reloj de trabajo utiliza el color para señalar el comienzo y el final de una actividad. Pida a los estudiantes que piensen en el tiempo transcurrido indicando la actividad mientras hacen referencia al reloj de trabajo: "Tienes 20 minutos para trabajar en tu trabajo de clase. Cuando el minutero llegue a las 12:15, la línea negra, te avisaré que te quedan cinco minutos. Cuando el minutero llegue a las 12:20, la línea roja, entregaremos el trabajo de clase y nos prepararemos para el recreo". Cuando los estudiantes miran el reloj del salón de clases y comparan sus manecillas con el reloj del trabajo, tienen una demostración concreta de la idea abstracta del paso del tiempo. Etiquetar las manecillas del reloj de trabajo también refuerza la codificación.

Figura 5. *Reloj de trabajo.*

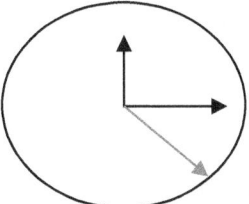

Un reloj de trabajo usa colores para mostrar cuándo comienzan y terminan las actividades. Esta señal visual demuestra el tiempo transcurrido. Debería parecerse al reloj de pared de tu salón de clases. Por ejemplo, no use un reloj de trabajo con números romanos si su reloj de pared usa números arábigos.
© *EduCalc Aprendizaje 2022*

Dinero

Para los estudiantes con discalculia, aprender sobre el dinero plantea múltiples problemas. Hay diferentes bases de conteo (1 dólar, 4 cuartos, 100 centavos, etc.), diferentes señales visuales para reconocer y decodificar (imágenes de billetes y monedas versus decimales versus problemas de palabras), diferentes cálculos para realizar (sumar y restar) y diferentes procedimientos a seguir. Cuando el lóbulo parietal almacena procedimientos como artículos en un cajón de trastos de cocina, es difícil saber por dónde empezar. Por ejemplo, las reglas para sumar y restar decimales son diferentes a las reglas para multiplicar o dividir decimales, pero ambas deben usarse cuando se trabaja con dinero. Los estudiantes con discalculia también olvidan las operaciones matemáticas básicas y pueden tener dificultades visoespaciales.[4] Esto afecta tanto su velocidad de trabajo como su capacidad para alinear decimales correctamente antes de sumarlos o restarlos.[11]

Recuerde que es probable que los estudiantes con discalculia crean que una moneda de cinco centavos tiene más valor que una moneda de diez centavos, debido a su mayor diámetro. Los estudiantes deben tener una hoja de referencia con imágenes de monedas y sus valores. Enseñe a los estudiantes a verificar su trabajo usando la hoja de referencia para identificar valores, usando su tabla de 1 a 100 o línea numérica para sumar y restar, y usando papel cuadriculado para escribir problemas verticalmente, organizados por el punto decimal. Requerir que todos los estudiantes presten atención a la precisión, lo que asegura más respuestas correctas. Las respuestas correctas equivalen a experiencias más exitosas sobre las que reflexionar, lo que construye redes neuronales más fuertes.

Trabajar con dinero es un desafío para los discalcúlicos de todas las edades. Los adultos con discalculia evitan las situaciones en las que se les puede pedir que den cambio para los clientes o las carreras en las que necesitan realizar un seguimiento de las finanzas. Las personas con discalculia aprenden a evitar la vergüenza evitando el dinero por completo. Muchos adultos informan que se sienten avergonzados cuando la gente habla de dinero y tienen miedo de revelar una discapacidad de aprendizaje a sus compañeros y empleadores. Esto limita sus futuros trabajos y ganancias de por vida. Cuando los discalcúleos de todas las edades se sienten cómodos usando las herramientas de apoyo adecuadas para manejar el dinero con confianza, pueden aumentar su confianza en sí mismos y cambiar su futuro.

Valor posicional

La culpa es de Aryabhata, un matemático de la India del siglo V. Inventó el valor posicional para los sistemas numéricos hindúes y árabes. El valor posicional es una forma de demostrar la cantidad a través de la posición. Por ejemplo, en el número 5432 sabemos que el dígito 5 tiene un valor de 5000 debido a su ubicación en la cadena de números.[9] En otros sistemas numéricos, las cantidades grandes se muestran con caracteres especiales, en lugar de una posición específica: los egipcios y los romanos no usaban el valor posicional en absoluto.9 Mire la comparación de tres sistemas numéricos diferentes en la Figura 6, que muestra tres civilizaciones diferentes y las formas en que demuestran la cantidad.

Figura 6. *Representar cantidades a través de símbolos.*

Romana	Chino	Arábica
LXXII	七 十 二	72
50 + 10 + 10 + 1 + 1	Siete "dieces" y dos	70 + 2

Los símbolos utilizados para representar cantidades pueden o no incorporar valor posicional.
© *EduCalc Aprendizaje 2022*

Aryabhata se adelantó a su tiempo: el valor de lugar estaba en uso 100 años antes de que se desarrollara el concepto de cero. Sin embargo, este desarrollo temprano no ayuda a las personas con discalculia, que luchan con todos los aspectos del valor posicional. Se cree que comprender el valor posicional es una función de la memoria de trabajo y las habilidades visoespaciales, que pueden o no fortalecerse al trabajar con manipulativos.[9] Esta área de conocimiento específico del dominio en niños con discapacidades de aprendizaje necesita más investigación; sabemos muy poco acerca de cómo los estudiantes con dificultades entienden el tiempo, el dinero o el valor posicional, y menos acerca de por qué existen estas deficiencias o qué se debe hacer para apoyar a estos estudiantes.

Los estudios sugieren que los estudiantes con trastornos del aprendizaje pueden representar cantidades y valor posicional a través de manipulativos, pero no pueden relacionar su trabajo con los problemas de dígitos escritos en un libro de texto o en una hoja de trabajo.[12] El concepto enseñado por bloques de valor posicional no se transfiere automáticamente como conocimiento que se aplica. a una hoja de trabajo o libro de texto. Parece haber una capacidad limitada para crear un puente entre estas piezas de información. Siempre que sea posible, brinde a los estudiantes evaluaciones alternativas, como evaluaciones verbales, además de las escritas o en lugar de ellas. Es probable que se desempeñen mejor cuando demuestran o explican el valor posicional en sus palabras, usando sus propias herramientas.

Matemáticas de ida y vuelta

Las matemáticas están llenas de temas de ida y vuelta y operaciones inversas. Sumar y restar, multiplicar y dividir, exponentes y raíces, teoremas y sus recíprocos, FOILing y factorización, todo demuestra este concepto. Los estudiantes con un desarrollo típico pueden dominar las matemáticas tanto hacia adelante como hacia atrás con facilidad, como lo demuestran los problemas de "familia de hechos". Los estudiantes con poca habilidad en aritmética o una base matemática débil pueden tener dificultades con las familias de operaciones, pero una vez que alcanzan el dominio, tienen dominio sobre las operaciones hacia adelante y hacia atrás. Los estudiantes con discalculia tienen mucha más dificultad con la parte "hacia atrás" de las matemáticas, incluso una vez que dominan la parte "hacia adelante". Evaluar las matemáticas en una dirección a la vez, por ejemplo, dar una prueba sobre familias de sumas separadas de restas, permite a los estudiantes demostrar su conocimiento en lugar de demostrar su trastorno de aprendizaje. Los educadores pueden esperar que la comprensión de la parte directa de un concepto (por ejemplo, la multiplicación) cree automáticamente una conexión con la parte posterior (división). Conexiones como esta no se desarrollan automáticamente para estudiantes con discalculia. Por sí solos, no construyen un puente entre los conceptos matemáticos hacia adelante y hacia atrás. Los educadores deben dedicar más tiempo a establecer conexiones con sus alumnos con discalculia.

Los maestros de matemáticas experimentados pueden enseñar conceptos demasiado rápido porque están muy familiarizados con las preguntas y los hechos necesarios para resolverlos. Puede ser difícil ponerse en el lugar de un niño pequeño que aprende operaciones matemáticas por primera vez. Para los estudiantes, los temas de matemáticas son mucho más complejos de lo que parecen para un maestro experimentado. Un ejemplo de la escuela primaria es la enseñanza de los decimales. El primer obstáculo es entender que los decimales representan una cantidad entre cero y uno, y esa cantidad puede volverse más y más pequeña cuantos más dígitos hay, aunque una larga lista de dígitos puede parecer un número "más grande", debido a su longitud. [7,13] A continuación, presentamos las operaciones: a veces los decimales deben alinearse verticalmente, según el punto decimal. A veces tenemos que agregar ceros como marcadores de posición antes de que podamos sumar o restar correctamente. A veces ignoramos el punto decimal, alineamos los dígitos justificados a la derecha para poder multiplicarlos, y arbitrariamente (o eso le parece al estudiante) reemplazamos el punto decimal después de que multiplicamos. ¡Entonces podríamos mover todos los puntos decimales antes de dividir! En el mejor de los casos, trabajar con decimales es un desastre. Para los niños con problemas de aprendizaje de matemáticas, el desorden nunca se aclara en su mente.

Los maestros deben separar las operaciones, las reglas y los procedimientos tanto como sea posible, si los estudiantes van a tener la oportunidad de alcanzar el dominio. Piense en la forma en que la mayoría de los programas de matemáticas enseñan a convertir entre números mixtos y fracciones impropias: si el problema comienza con un número mixto, el procedimiento es multiplicar y sumar. Si el problema comienza con una fracción impropia, el procedimiento es dividir y restar. En ambos casos, el denominador permanece igual. Los estudiantes con un desarrollo típico tendrán diferentes procedimientos en mente y elegirán el procedimiento correcto en función del problema que ven. Los estudiantes con discalculia no están seguros de con qué tipo de problema están comenzando. No están seguros de qué procedimiento coincide con un problema dado. Se congelan durante el trabajo de clase y las pruebas, incapaces de recordar cómo empezar. Pueden beneficiarse de las notas con ejemplos resueltos que les ayuden a relacionar los procedimientos con los problemas. También pueden beneficiarse de evaluaciones que separan claramente todos los problemas que comienzan con un número mixto de todos los problemas que comienzan con una fracción impropia.

Pasos y Procedimientos

Recordar pasos y procedimientos es un obstáculo para los estudiantes con discalculia. Su lóbulo parietal almacena fórmulas matemáticas, operaciones y reglas como un cajón de trastos de cocina: demasiadas cosas amontonadas sin organización. Esto es evidente cuando los estudiantes se olvidan de alinear los decimales antes de sumarlos, o cuando confunden la operación necesaria para el perímetro y el área. Es evidente cuando estos estudiantes aprenden la división larga. En la división larga, repetimos los mismos pasos una y otra vez hasta llegar a cero, o un resto, o un número solicitado de dígitos después de un punto decimal. Los estudiantes con discalculia parecen olvidar el tercer paso en la división larga, incluso después de haber realizado con éxito el mismo paso dos veces. Los maestros pueden preparar la clase haciendo preguntas de procedimiento como: ¿Cuál es el primer paso? ¿Cuál es el siguiente paso? ¿Qué debemos hacer ahora? y exigir que los estudiantes se refieran a su lista de pasos al responder.

A veces, los maestros de educación general pueden sentirse abrumados cuando piensan en atender a niños con diferentes necesidades en su salón de clases. La buena noticia es que un conjunto de adaptaciones puede funcionar bien para estudiantes con una variedad de desafíos de aprendizaje. Los estudiantes con discalculia, disgrafía, trastornos de la función ejecutiva y TDAH informan confusión al recordar pasos y procedimientos. Los estudiantes con trastornos de la velocidad de procesamiento necesitan más tiempo para recuperar esta información y realizar el trabajo. Los estudiantes pueden conocer los pasos pero pensar en ellos en el orden incorrecto u olvidar los que están en el medio. Parecen desvanecerse a la mitad de un problema largo. Cada uno de estos estudiantes se beneficia de las mismas adaptaciones: tiempo adicional, ejemplos resueltos, uso de calculadora. Muchos educadores preguntan si el uso de ejemplos resueltos, calculadoras y similares dará una ventaja injusta a algunos estudiantes. La respuesta es, en absoluto. Los estudios de investigación muestran que el uso de las adaptaciones adecuadas no aumenta el rendimiento académico por encima del nivel natural del estudiante.

Cuestiones visoespaciales

Las habilidades visoespaciales gobiernan nuestra comprensión de la ubicación, la distancia, el tamaño, el movimiento y la comparación. Son responsables de desarrollar una imagen mental de la recta numérica, que respalda el sentido numérico aproximado y la capacidad matemática.[2] Las personas con discalculia tienen diferentes niveles de habilidades visoespaciales, pero casi todas tienen habilidades debilitadas en comparación con sus compañeros sin discalculia.[5] Las habilidades visoespaciales también apoyan la cardinalidad y la ordinalidad, lo que explica por qué estos conceptos fundamentales son poco entendidos por los niños mayores con discalculia cuyos compañeros dominaron estos conceptos en primer y segundo grado.[5] Por ejemplo, la mayoría de nosotros rara vez pensamos en lo que implica cuando mentalmente rotar un objeto, pero esta es una habilidad avanzada (Figura 7). La mayoría de nosotros dominamos esta habilidad tan temprano en la vida que ya no tenemos que pensar en el proceso; se siente natural porque es automático. Los niños pequeños desarrollan esta habilidad a través de eventos táctiles. Toman un objeto, como un prisma rectangular, y lo giran en sus manos. Entienden que el objeto sigue siendo el mismo, sin importar si el extremo más corto es horizontal o vertical.[10] Esta es una comprensión concreta de la rotación. Más tarde, pueden rotar un objeto en su mente, conservando la forma general del objeto a medida que se mueve.[14] Para los niños de kindergarten, esta comprensión concreta está ligada al pensamiento matemático en el lóbulo parietal. Para sexto grado, los estudiantes ya no necesitan sostener o pensar en un objeto; usan memorias visoespaciales para imaginar un objeto giratorio.[10] El proceso de rotación está ligado a la memoria, específicamente, la memoria de trabajo visoespacial y la integración visomotora.[2]

Figura 7. *Objetos que giran mentalmente.*

Rotar un objeto entre una posición vertical y horizontal comienza como una tarea concreta, luego se convierte en una imagen mental de la tarea; más tarde, los estudiantes recuerdan la rotación en lugar de pensar en la tarea o el objeto en sí. El desarrollo de este esquema puede ser difícil o incompleto para los estudiantes con discalculia. © EduCalc Aprendizaje 2022

Se les pide a los estudiantes que describan matemáticamente la rotación a partir del tercer grado.[11] Muchos estudiantes con discalculia se encuentran atrapados mientras sus cerebros luchan por dar el salto de la manipulación de objetos concretos a las memorias visuoespaciales.[14] Nuevamente, esta es un área en la que construir un puente mental desde una actividad (sostener el objeto) a otra (recordar sostener un objeto) no sucede por sí sola. Las intervenciones incluyen el uso de objetos concretos para practicar, durante las discusiones en clase o como ayuda durante las evaluaciones.[10] Hable sobre la rotación usando un vértice como punto de referencia (Figura 8). Marque el vértice de referencia con color, rodeándolo con un círculo o usando una flecha para marcar el vértice del punto de referencia. Modele el lenguaje que quiere que usen los estudiantes, es decir, "Voy a ver este punto en la parte superior derecha. ¿Ves cómo este punto en la parte superior derecha sobresale, antes de que la siguiente línea apunte hacia el centro? Ok, cuando giro la forma 90 grados a la derecha, eso es en el sentido de las agujas del reloj, ¿hacia dónde se mueve ese punto? Después de la rotación, apunta hacia abajo, hacia la parte inferior del papel".

Figura 8. *Explicando la rotación a través de vértices marcados.*

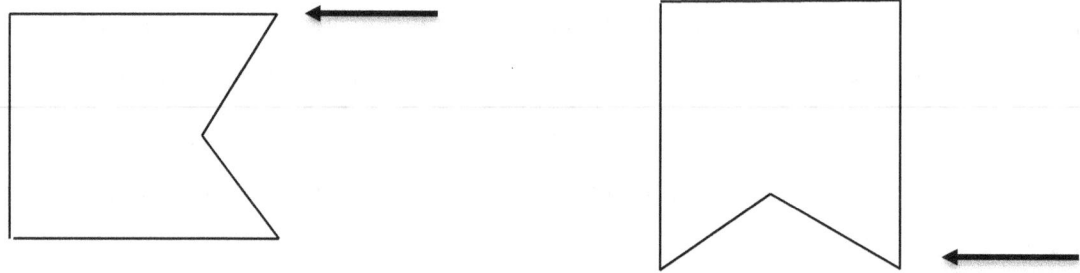

Use flechas, colores u otros indicadores para marcar un punto de referencia para que los estudiantes se concentren. Use un lenguaje específico para ayudar a los estudiantes a codificar la rotación correctamente. © EduCalc Aprendizaje 2022

Estudio de caso 3: Rosa

En quinto grado, Rose estaba muy por detrás de sus compañeros académicamente. Sabía que necesitaba dejar la escuela e intentar aprender desde casa. Sus dificultades académicas habían erosionado su autoestima y habían hecho que ir a la escuela fuera una miseria. Era una niña brillante con un diagnóstico de dislexia y discalculia, pero la ayuda que recibió en la escuela no la estaba ayudando a alcanzar el éxito de su grado. Los padres de Rose intentaron usar tarjetas didácticas, completar problemas de práctica adicionales, comprar objetos manipulables y mirar videos de instrucción matemática, todo sin éxito. Encontró un maravilloso tutor de lectura capacitado en el método de lectura de Wilson, pero no tuvo tanta suerte de encontrar un tutor de matemáticas. Su tutor de dislexia me recomendó para ayuda con las matemáticas. En nuestra primera sesión, Rose apenas habló. Su madre dijo que la familia estaba cansada de "pelear por las matemáticas todo el tiempo", y esperaban encontrar a alguien que pudiera manejar la parte de matemáticas del plan de estudios de educación en el hogar de Rose. No esperaban un milagro, solo un poco de paz.

Rose creía que era su culpa porque estaba segura de que no podía "hacer matemáticas". En su mente, las matemáticas siempre significarían fracaso. Conectó las matemáticas con las lágrimas y la vergüenza. Estaba avergonzada por sus fracasos. Rose necesitaba un camino hacia el éxito y no pudo encontrar uno a través de hojas de trabajo y pruebas cronometradas. La clave para Rose fue hacer que las matemáticas fueran accesibles a través del arte. Era una artista muy talentosa y, naturalmente, convertía un número en un garabato de un animal, un objeto u otra criatura divertida. Utilicé este interés por los garabatos como tarea: le pedí que convirtiera los números del 1 al 10 en algún tipo de garabatos. Rose llevó esto un paso más allá y dijo: "Podría hacer un libro animado y cada página tendría un número con algún tipo de imagen alrededor", a lo que acepté felizmente. Ahora estaba pensando en los números arábigos como si tuvieran algún tipo de personalidad, historia de fondo o imágenes. Tenía una tarea de matemáticas que le entusiasmaba; ¡ella no podía esperar para comenzar! Le había dado una pauta básica (dibujar números con imágenes) y ella misma estaba ampliando la tarea ("Puedo hacer un libro animado"). Esta asignación le dio a Rose un punto de partida para el éxito que podríamos desarrollar con el tiempo. Sabía que podría obtener una A en esta tarea, que es una parte crucial para reformular las experiencias negativas.

A lo largo del año, le preguntaba a Rose qué proyectos de arte estaba haciendo actualmente (ya fuera dibujo, fotografía o piezas de técnica mixta, siempre tenía un proyecto de arte en mente). Agregamos elementos matemáticos a cada una de las piezas de arte en las que trabajó, y pronto ella también estaba pensando en formas creativas de agregar arte a nuestros temas matemáticos. En poco tiempo, Rose estaba pidiendo tareas basadas en el arte (¡lo que significa que estaba pidiendo tareas extra de matemáticas!). "Nunca supe que las matemáticas estuvieran involucradas en el arte o la música o cosas así", me dijo. "Pensé que las matemáticas eran solo memorizar números y eso fue todo". ¡Qué triste declaración! Las matemáticas son mucho más que dígitos y cuatro operaciones.

La madre de Rose informó que no solo no hubo más discusiones familiares sobre matemáticas, sino que también Rose habló alegremente sobre los proyectos que estaba haciendo y explicó cómo se relacionaban con los conceptos matemáticos. Ella esperaba con ansias nuestras sesiones de tutoría y comenzó a pedir trabajos más desafiantes y asignaciones independientes. Esta es una señal de confianza y dominio, y es el objetivo de todo andamiaje: llegar al punto en que el alumno se aleje del maestro y quiera trabajar solo. Una vez que esto sucede, ¡el crecimiento académico es rápido y vertiginoso!

Trabajé con Rose durante dos años. En el momento de nuestra última sesión, estaba ansiosa por regresar a una escuela tradicional. Estaba ansiosa por tomar Álgebra 1 en el octavo grado. Cuando conoció a su nuevo maestro de matemáticas, pudo explicarle su discapacidad de aprendizaje y describir las herramientas de apoyo que funcionaron mejor para ella como estudiante de matemáticas. Dos meses después del inicio del año escolar, recibí este mensaje de la madre de Rose: "¡Solo quería que vieras cómo toda tu ayuda con Rose está dando sus frutos!". con una instantánea de su calificación en matemáticas: 94 % de promedio en la clase, ¡incluyendo A y B en las pruebas de sus capítulos! Este tipo de historia de éxito les sucede con frecuencia a los estudiantes con discalculia una vez que entienden qué herramientas de apoyo necesitan, saben cómo usarlas y encuentran una vía para el éxito sobre la que pueden construir.

Comprender, Maestro, Recordar: 3ro-5to Grados

Muchos académicos han criticado el plan de estudios de matemáticas de "una milla de ancho y una pulgada de profundidad" en los Estados Unidos. Este problema nunca es más claro que en los últimos años de la escuela primaria. Se espera que nuestros estudiantes de tercer a quinto grado aprendan hechos básicos con números enteros, decimales, fracciones, porcentajes, división larga, tiempo, dinero, valor posicional, problemas verbales, medidas en los sistemas métrico y estándar de EE. UU., probabilidad, formas geométricas, equivalentes fracciones, simplificación de fracciones, proporciones y más, ¡todo en 180 días! Apuramos a los estudiantes a través de los temas y nos preguntamos por qué los estudiantes tienen fundamentos matemáticos débiles y habilidades de resolución de problemas deficientes. Los estudiantes con discalculia pueden perderse en el torbellino.

Comprender.

Si alguna vez ha emprendido un proyecto de mejoras para el hogar por su cuenta, es probable que haya notado que lleva mucho más tiempo terminar los proyectos por su cuenta que si hubiera contratado a un profesional. Alguien con experiencia y conocimientos parece volar a través del marco de una puerta mientras el resto de nosotros todavía estamos leyendo las instrucciones. Esto se debe a que el profesional ya conoce los pasos y el proceso necesarios para realizar el trabajo. Lo mismo sucede con nuestros alumnos; una vez que entienden los pasos y el proceso, pueden terminar su trabajo más rápido. Cuando vemos a los estudiantes de tercer grado y más allá contando con los dedos, nos preocupamos. ¿Por qué no han pasado de ese método de conteo? ¿Por qué no están contando en su cabeza? En realidad, estos estudiantes están contando en dos lugares: con los dedos y en la cabeza.4 Están leyendo las instrucciones mientras cuelgan la puerta.

Contar con los dedos es una actividad táctil que construye redes neuronales y apoya todos los cálculos matemáticos.[11] Algunos estudiantes construyen estas redes rápidamente. Algunos estudiantes, especialmente aquellos con problemas de aprendizaje, necesitan más tiempo para construir sus redes.[9] Es posible que las personas con discalculia nunca construyan una red lo suficientemente fuerte como para respaldar el conteo mental, ya que su ANS sigue siendo más débil que el de los estudiantes neurotípicos.[2] Los estudiantes que no tienen un la discapacidad de aprendizaje mejorará sus habilidades de conteo mental a través de juegos, actividades o tarjetas didácticas. Los estudiantes que continúan confiando en el conteo de los dedos muestran mayores necesidades de las que la práctica por sí sola puede abordar. De hecho, se ha demostrado que la práctica repetida no ayuda de ninguna manera a los estudiantes con discalculia. Si usa intervenciones y descubre que no están ayudando, comprenda que es hora de usar herramientas de apoyo externo. No continúe brindando a los estudiantes trabajo de recuperación o práctica adicional sin darles las herramientas que necesitan para tener éxito.

Maestro.

Si un estudiante no puede dominar la memorización de hechos básicos, ¿se pierde toda esperanza de dominar las matemáticas? No, en absoluto. De hecho, estos estudiantes tienen una forma única y compleja de entender las matemáticas. Rechazan las explicaciones fáciles y las reglas sin contexto. Buscan una comprensión más profunda y buscan el desarrollo conceptual a través de experiencias en lugar de la memorización. Puede ser frustrante para los maestros cuando se les pide que encuentren una nueva forma de explicar los conceptos, ¡pero nuestros viejos métodos de instrucción no funcionarán aquí! Nuestros alumnos con discalculia exigen más de nosotros como educadores. Su dominio vendrá de nuestra flexibilidad.

En lugar de esperar que los estudiantes dominen la memorización, pídales que dominen la confirmación. No acepte trabajo hasta que hayan usado sus herramientas para verificar sus respuestas. Durante el trabajo en clase o los períodos de intervención, haga que los estudiantes demuestren el uso de sus herramientas para encontrar sus respuestas ("Bill, revisa tu lista de tablas de multiplicar y dime cuánto es igual a 8 por 7"). De esta manera, les enseñará no solo matemáticas, sino también la importancia de verificar sus respuestas y verificar sus suposiciones.[3] Les enseñará cómo mantenerse como estudiantes que no se verán frenados por sus diferencias de aprendizaje. Verá una mejora mucho mayor en su comprensión matemática y su rendimiento académico.

Otra razón por la cual los maestros deberían exigir que los estudiantes usen un gráfico del 1 al 100, una lista de tablas de multiplicar o una calculadora para verificar su trabajo es que la confirmación inmediata fortalece las redes neuronales. El proceso de predecir y confirmar es un elemento clave para aumentar o debilitar las conexiones neuronales y ocurre automáticamente, sin que nos demos cuenta.[3] El tiempo de clase debe incluir un período de reflexión que confirme las respuestas y fortalezca las conexiones. Además, el cerebro presta la mayor atención a los eventos que suceden al principio de un evento (primacía) y al final (reciente).[3] Si la clase termina con la entrega del trabajo de la mejor suposición, este período de reciente se desperdicia. Si su salón de clases o sesión de tutoría no apoya activamente el aumento de las redes neuronales, permite su disminución. Puede maximizar el período de actividad reciente finalizando cada clase dando a los estudiantes unos minutos para revisar su trabajo.

Recordar.

¿Por qué los estudiantes con discalculia tienen dificultades para recordar la información matemática que han aprendido? En parte, esto se debe a que el lóbulo parietal pierde información matemática con el tiempo.[12] En parte, esto se debe a la memoria prospectiva. La memoria prospectiva se refiere a nuestra capacidad de "recordar recordar" lo que se supone que debemos estar haciendo.[1] Un ejemplo de memoria prospectiva es recordar que necesitamos comprar leche mientras estamos en la tienda, o recordar que necesitamos agarrar un paraguas. si parece que va a llover. Este tipo de memoria se ve afectada en niños con problemas de funciones ejecutivas, TDAH, discalculia y en personas mayores que padecen la enfermedad de Alzheimer.[1]

Podemos apoyar la memoria prospectiva al reducir la cantidad de energía mental necesaria para una tarea.[1] Divida los problemas largos en pasos más pequeños. Pida a los estudiantes que piensen en un paso a la vez, antes de que completen todo el problema por su cuenta ("Sí, para encontrar el área, vamos a multiplicar la base por la altura. ¿Cuál es la base aquí? ¿Cuál es la altura ? ¿Qué respuesta obtienes cuando los multiplicas? Genial, entonces, ¿cuál es el área entonces?"). Los estudiantes con discalculia pueden beneficiarse al escuchar a otros estudiantes explicar cómo llegaron a una respuesta. Pueden corregirse a sí mismos mientras resuelven un problema. Todo esto reduce la carga cognitiva y puede aumentar la adquisición de memoria.

¿Qué pasa con las pruebas estatales?

Muchos maestros y administradores se preocupan por el desempeño de los estudiantes en las pruebas exigidas por el estado, especialmente si su estado no permite adaptaciones durante las pruebas. Sin adaptaciones, es común ver que los estudiantes se desempeñen mal en las pruebas estatales en comparación con su desempeño en clase. También esperaríamos un rendimiento reducido de un estudiante al que no se le permitió usar sus anteojos durante una prueba. Esto simplemente demuestra que tienen un problema que requiere adaptaciones. Concéntrese en aumentar la comprensión y el rendimiento académico en clase en lugar de en las pruebas. Muchas veces, los estudiantes mejoran su desempeño en las pruebas estandarizadas después de usar sus herramientas de apoyo adecuadas durante el resto del año escolar.

Capítulo 3 Preguntas y Ejercicios

1. Tener una lista de pasos o procedimientos les da a algunos estudiantes una ventaja injusta sobre sus compañeros. Verdadero o falso
2. Los objetos que giran mentalmente comienzan con los objetos que giran físicamente. Verdadero o falso
3. Los signos de discalculia suelen aparecer más tarde, después del quinto grado. Verdadero o falso
4. Tres dificultades matemáticas comunes para los discalcúlicos en los primeros años de la primaria son:

    a. Escribir números al revés, decir la hora y los números en forma de palabra.

    b. Decir la hora, trabajar con el dinero y el valor posicional.

    c. Completar el trabajo, escribir números al revés y contar hasta

5. Contar con los dedos después de segundo grado es:

    a. Un signo potencial de una discapacidad de aprendizaje.

    b. Un ejemplo de trabajo perezoso.

    c. Una muleta que conviene desaconsejar.

6. Los estudiantes deben hacer el trabajo de nivel de grado:

    a. Después de haber dominado los fundamentos del trabajo anterior.

    b. Cuando estén listos para hacer el trabajo independientemente de las herramientas de apoyo.

    c. En todo momento.

7. Olvidar pasos y procedimientos es:

    a. Una señal de que el estudiante no estudió.

    b. Común entre las personas con discalculia.

    c. Una barrera que no se puede superar.

8. El valor posicional se desarrolló:

    a. Por matemáticos en Babilonia en el siglo XII.

    b. Por un matemático en la India en el siglo quinto.

    c. Por los matemáticos del Renacimiento en Italia.

9. Escriba una reflexión de 250 palabras sobre el caso de estudio. ¿Has tenido una experiencia similar con un estudiante? ¿Cómo hubiera abordado ayudar a este estudiante?

10. Escriba un ensayo de 3 a 5 páginas que describa cómo se utilizan la memoria prospectiva, las operaciones matemáticas y la memoria procedimental para apoyar o inhibir el rendimiento académico.

Notas finales

[1] Alotaibi, R. M. y Ali, K. J. (2021). Memoria prospectiva en estudiantes con problemas de aprendizaje. *Educación especial y rehabilitación*, 20(*3*), 161-169.

[2] Butterworth, B. (1999). Una cabeza para figuras. *Ciencia*, 284(*5416*), 928-929.

[3] Castel, A. D. (2008). Metacognición y aprendizaje sobre los efectos de primacía y actualidad en el recuerdo libre: la utilización de señales intrínsecas y extrínsecas al hacer juicios de aprendizaje. *Memoria y Cognición*, 36(*2*), 429-437.

[4] Crollen, V. y Noël, MP (2015). El papel de los dedos en el desarrollo de las habilidades de conteo y aritmética. *Acta Psychologica*, 156, 37-44.

[5] Dumontheil, I. (2014). Desarrollo del pensamiento abstracto durante la infancia y la adolescencia: El papel de la corteza prefrontal rostrolateral. *Neurociencia cognitiva del desarrollo*, 10, 57-76.

[6] Fias, W., Menon, V. y Szucs, D. (2013). Múltiples componentes de la discalculia del desarrollo. *Tendencias en neurociencia y educación*, 2(*2*), 43-47.

[7] Gorev, P.M., et al. (2018). Los acertijos como herramienta didáctica para el desarrollo de las habilidades matemáticas de los escolares de secundaria en la educación matemática básica y complementaria. EURASIA Journal of Mathematics, *Science and Technology Education*, 14(*10*).

[8] Kaufmann, L. y von Aster, M. (2012). Diagnóstico y manejo de la discalculia. *Deutsches Ärzteblatt International*, 109(*45*), 767.

[9] Lafay, A., Osana, H. P. y Levin, J. R. (2022). ¿La transparencia conceptual en los manipulativos permite la comprensión del valor posicional en los niños en riesgo de tener problemas de aprendizaje de las matemáticas? *Discapacidad de aprendizaje trimestral*, 07319487221124088.

[10] Mammarella, I. C., Caviola, S., Giofrè, D. y Szűcs, D. (2018). La estructura subyacente de la memoria de trabajo visuoespacial en niños con problemas de aprendizaje matemático. *Revista británica de psicología del desarrollo*, 36(*2*), 220-235.

[11] Moeller, K., Fischer, U., Link, T., Wasner, M., Huber, S., Cress, U. y Nuerk, H. C. (2012). Aprendizaje y desarrollo de la numerosidad encarnada. *Procesamiento cognitivo*, 13(*1*), 271-274.

[12] Rapin, I. (2016). La discalculia y el cerebro calculador. *Neurología pediátrica*, 61, 11-20.

[13] Soylu, F., Lester Jr, F. K. y Newman, S. D. (2018). Puedes contar con tus dedos: el papel de los dedos en el desarrollo matemático temprano. *Revista de Cognición Numérica*, 4(*1*), 107-135.

[14] Young, C. J., Levine, S. C. y Mix, K. S. (2018). La conexión entre la capacidad espacial y matemática a lo largo del desarrollo. *Fronteras en psicología*, 9, 755.

Capítulo 4: Discalculia en los grados 6-8

"No puedo enfatizar lo suficiente la importancia de un buen maestro".

--Temple Grandin

Ninguna discusión sobre la escuela intermedia está completa sin una discusión sobre el desarrollo humano. Una cantidad increíble de cambios ocurre entre las edades de once y catorce años: crecimiento acelerado, regulación emocional, pensamiento a largo plazo y pensamiento abstracto son solo algunos. Los maestros de secundaria manejan a los estudiantes mostrando el comienzo, la mitad y el final de estos cambios, todo a la vez, en un salón de clases. Los estudiantes con discalculia pasan por las mismas etapas, pero necesitan más tiempo que sus compañeros para dominar los conceptos matemáticos. Tienden a ser pensadores lineales que tardan más en comprender cómo trabajar con variables, resolver problemas lógicos y resolver lo desconocido.

Medición del crecimiento matemático

¿Cómo sabe cuando los estudiantes están dominando las fracciones? Los investigadores buscan estudiantes que tengan una "ventaja de un medio", lo que significa que pueden reconocer y trabajar con éxito con problemas de un medio (½ + ½) más rápido y con mayor precisión que los problemas que usan otros denominadores, como un tercio o un quinto.[5] Como maestros, podemos suponer que la ventaja de la mitad ocurriría de inmediato ya que estos problemas son "fáciles", pero debemos recordar que nada acerca de las fracciones parece fácil para los estudiantes que las aprenden por primera vez. Es un punto de éxito cuando los estudiantes pueden sumar un medio más un medio, y otro punto de éxito cuando pueden hacerlo rápidamente. La velocidad proviene del éxito repetido. Una mayor velocidad y precisión en esta área muestra una verdadera comprensión, en lugar de grandes habilidades para adivinar, y crea una base para trabajar con diferentes denominadores.

Examinar el conocimiento de fracciones de los estudiantes es importante porque comprender fracciones es un mejor predictor del éxito futuro en matemáticas que conocer las operaciones básicas de números enteros.[5] Los estudiantes sin discalculia obtienen una ventaja de la mitad en cuarto grado. Los estudiantes con discalculia pueden desarrollar una ventaja de la mitad en séptimo grado, pero solo cuando usan modelos visuales.[5] En cualquier nivel de grado, cuando los estudiantes con discalculia resuelven problemas de fracciones usando solo números arábigos (en lugar de usar modelos), no muestran a nadie -media ventaja.[5] Esto puede provenir de una desconexión entre relacionar lo que significa una fracción (una parte de una unidad entera) con los símbolos visuales de una razón (número sobre número). Para los estudiantes con discalculia, los números son solo símbolos escritos que no necesariamente se conectan con conceptos como cantidad, parte de un todo, parte de cien o la probabilidad de un evento.

Nuestro objetivo en la escuela primaria es enseñar las reglas de combinación y separación mientras usamos operaciones básicas para sumar, restar, multiplicar y dividir. Luego, en los grados 6 a 8, los problemas de fracciones se alejan de este enfoque. Los problemas de la escuela intermedia que involucran fracciones se enfocan en la propiedad distributiva, la resolución de proporciones y la resolución de ecuaciones algebraicas.[2] Nuestro objetivo ahora es enseñar la equivalencia y las operaciones inversas. Los estudiantes con dificultades necesitan el apoyo de una lista de tablas de multiplicar o una calculadora para buscar datos básicos mientras aprenden a resolver estos nuevos tipos de problemas (Figura 9). Cuando negamos el apoyo, les pedimos a los estudiantes que hagan el doble de trabajo que sus compañeros que tienen habilidades de memoria y ANS más fuertes.[10] Sin el apoyo adecuado, el dominio es inalcanzable.

Figura 9. *Gráfico de tablas de multiplicar versus lista de tablas de multiplicar.*

x	2	3	4
2	4	6	8
3	6	9	12
4	8	12	16

Una tabla de multiplicar (izquierda) puede ser visualmente abrumadora y confusa de leer. Una lista de las tablas de multiplicar (derecha) es más fácil de leer y comprender. El uso de una lista permite a los estudiantes encontrar múltiplos, factores, mcm, mcd y ayuda a simplificar fracciones. © EduCalc Aprendizaje 2022

El soporte adecuado: calculadoras, ejemplos resueltos, lista de tablas de multiplicar

La gran ironía de la enseñanza de las matemáticas en los Estados Unidos es nuestra relación obsesiva con la calculadora. Primero, nos negamos a considerar la calculadora como una herramienta matemática legítima. Prácticamente se puede escuchar a los maestros de primaria y secundaria gritando: "¡Las calculadoras son lava!", Seguido de un coro de acusaciones como: "No deberías tener que usar una calculadora, tienes cerebro" o mentiras populares como, "No puedes usar calculadoras en (escuela secundaria/universidad/en tu trabajo)" o "No siempre tendrás una calculadora contigo, necesitas saber cómo hacerlo por tu cuenta". Luego, los estudiantes ingresan a Álgebra 1. No solo se requieren calculadoras, sino que también deben ser una calculadora costosa con muchas campanas, silbatos, capacidades gráficas y teclas de función que requieren un manual de una pulgada de grosor para su uso adecuado. Maestros, es hora de hacer las paces con la calculadora. Es una herramienta, nada más, nada menos. El uso de una calculadora durante el trabajo en clase, la tarea, las pruebas y los exámenes es una adaptación adecuada para las personas con discalculia. Para estos estudiantes, usar una calculadora en la clase de matemáticas es lo mismo que dejar que un estudiante use anteojos cuando lee. Sabemos que la discalculia hace que el lóbulo parietal pierda información matemática con el tiempo y sabemos que memorizar operaciones básicas no es una meta apropiada para estos estudiantes. Por lo tanto, el uso de una calculadora reduce los errores, reduce el tiempo dedicado a completar el trabajo y reduce el retraso de los niños en el trabajo de matemáticas por debajo del nivel de grado.

Reducir los errores cuenta mucho más que obtener la respuesta correcta; Reducir los errores es una característica clave del aprendizaje. De hecho, John Dewey sintió que el aprendizaje no podría ocurrir sin él. Cuando dijo en 1933: "No aprendemos de la experiencia, aprendemos reflexionando sobre la experiencia", tenía más razón de lo que creía. La neurociencia se ha puesto al día con Dewey y ahora sabemos que el cerebro está en un estado constante de predicción y confirmación o rechazo.[1] Por cada información sensorial que recibimos, el cerebro predice lo que sucederá a continuación.[7] Así es como sumamos significado a las experiencias. Cuando nuestras predicciones son correctas, nuestro cerebro fortalece esas redes neuronales, y cuando nuestras predicciones son incorrectas, no fortalecemos esas redes.[7] Esto sucede a un nivel tan rápido y tan subconsciente que no somos conscientes de ello (pero podemos ver en resonancias magnéticas).[1] Para los estudiantes con discalculia, que han experimentado años de repetidos fracasos y repetidas confusiones, las redes neuronales relacionadas con las matemáticas son débiles. Los maestros pueden ayudar a fortalecer las redes neuronales en todo el cerebro creando, asegurando y reconociendo el éxito con la mayor frecuencia posible. Las calculadoras ayudan a que esto suceda.

Recuerda que cada calculadora es diferente. Simplemente entregarle a un estudiante una calculadora y suponer que sabe cómo usarla es un desperdicio de una adaptación razonable. Algunas calculadoras tienen un botón para elevar un número al cuadrado, otras tienen un botón para elevar un número a cualquier potencia y algunas no tienen capacidad para calcular exponentes. Algunos pueden encontrar raíces cuadradas, mientras que otros encuentran raíces cúbicas, cualquier raíz o ninguna raíz. Algunos tienen un botón para ingresar signos negativos. A veces, este botón está marcado con paréntesis (-), a veces con un indicador de cambio (+/-) y, a veces, el botón no existe. Los estudiantes necesitan capacitación para usar su calculadora correctamente. Por ejemplo, pídales a los estudiantes que encuentren la raíz cuadrada de 16 usando sus calculadoras. Si alguien recibe un mensaje de error o no responde, la instrucción debe detenerse hasta que los haya ayudado a descubrir cómo obtener la respuesta correcta. Dependiendo de su calculadora, es posible que deban escribir 16 y luego presionar el símbolo de la raíz, o es posible que deban invertir ese orden. Es posible que no tengan un símbolo de raíz y necesitarán usar una lista de cuadrados perfectos. Una vez que todos encuentren con éxito la raíz cuadrada de 16, la clase puede pasar a resolver otras raíces cuadradas.

Usar una calculadora es beneficioso por varias razones. Primero, el uso de una calculadora evita que los estudiantes se atrasen en su carga de trabajo. En segundo lugar, conserva más energía mental, lo que libera memoria de trabajo. En tercer lugar, les da a los estudiantes tiempo para reflexionar sobre nuevos conceptos en lugar de pasar todo el tiempo buscando hechos básicos. Por ejemplo, piense en enseñar una unidad sobre cómo encontrar el área de un triángulo. La parte importante de la unidad es aprender a trabajar con la fórmula y reconocer cuándo aplicarla (para triángulos, no para rectángulos, cuadrados o círculos). La extensión de la unidad está trabajando hacia atrás desde un área determinada para encontrar la base o la altura que falta. Nada de esta unidad implica aprender a dividir por dos, pero esta es una parte clave de la fórmula del área de un triángulo. Los estudiantes con discalculia pueden atascarse en la división y, por lo tanto, perder el resto de la lección. Pasan tanto tiempo tratando de recordar los hechos básicos que se les acaba el tiempo para terminar todos los problemas de práctica dados. Sus respuestas suelen ser incorrectas y no tienen nada sobre lo que reflexionar. La lección no se aprende.

Reducir el tiempo perdido en el trabajo por debajo del nivel de grado es importante en todos los grados, sin embargo, en la escuela intermedia adquiere más importancia que en la escuela primaria o secundaria. Esto se debe a la separación que ocurre en la escuela intermedia: los estudiantes son colocados en vías académicas de recuperación, promedio o avanzadas de las que es casi imposible salir. En la escuela secundaria, los estudiantes se colocan en clases en función de las pistas que siguieron durante la escuela intermedia. Muchas veces, los estudiantes con discalculia pasan a un camino de recuperación porque se espera que dominen el trabajo por debajo de su nivel de grado antes de que se les permita pasar al siguiente tema. Esto está mal. Una vez que un estudiante con discalculia recibe las adaptaciones adecuadas, es perfectamente capaz de dominar el trabajo de nivel de grado. Su trastorno de aprendizaje no tiene por qué actuar como una barrera. Tampoco deberían verse frenados por las barreras ambientales.

Gráficos, resolución de problemas y fórmulas

Los gráficos de la escuela primaria se centran en los datos: leer y crear pictografías, gráficos de barras y gráficos de líneas. Los gráficos de la escuela secundaria rara vez tocan estos (excepto por ese capítulo cerca del final del libro de texto que cubre estadística y probabilidad). En los grados 6 a 8, el enfoque se vuelve a graficar ecuaciones lineales y todo lo que conlleva: pendiente, intersecciones, funciones y transformaciones. Para todos los estudiantes, graficar con éxito requiere usar símbolos correctamente, comprender fórmulas y desarrollar conocimientos algebraicos.[4] Para los estudiantes con discalculia, graficar puede ser difícil debido a problemas visoespaciales, cometer errores de procedimiento o luchar con sus creencias autolimitantes.[6] Pueden mejorar sus habilidades gráficas al graficar a mano en una cuadrícula de coordenadas, mientras usan una calculadora para completar una tabla de valores. Deberían haber trabajado ejemplos a seguir cuando se mueven entre la forma estándar y pendiente-intersección.[4]

Identificar las características clave de los gráficos es una parte importante del razonamiento algebraico. El razonamiento algebraico nos ayuda a comparar las intersecciones con el eje y oa describir las diferencias en la pendiente entre los gráficos y vincular estos conceptos con las ecuaciones. Para los estudiantes con problemas visoespaciales, puede ser difícil hacer coincidir las características clave con su lugar en una línea graficada.[11] La discalculia también dificulta la transferencia de estos conceptos a ecuaciones lineales. Los maestros deben pasar más tiempo reforzando la codificación entre mirar un gráfico, mirar una ecuación y realizar las operaciones matemáticas dentro de una ecuación que crea la línea graficada. El uso del color hace una gran diferencia para los estudiantes que luchan en estas áreas. No asumas que todos en la clase están mirando el mismo eje o intervalo cuando dices, "la intersección con el eje y es...", en su lugar, usa el color para resaltar el lugar del que estás hablando. Usa diferentes colores para los ejes x e y, las intersecciones y la línea graficada. Use un color para escribir líneas discontinuas que demuestren la pendiente en el gráfico y el mismo color para escribir la pendiente en la ecuación lineal. Este apoyo ayuda al cerebro a conectar operaciones matemáticas, imágenes visuales y símbolos escritos.

Los estudiantes también necesitan conectar los gráficos con la resolución de problemas cuando usan una tabla de valores o se mueven entre la forma estándar y la pendiente-intersección.[6] Muchos libros de texto y programas de matemáticas modernos dedican muy poco tiempo a estos conceptos, pero los estudiantes con discalculia necesitan tiempo adicional durante las tareas. para resolver estos problemas, y tiempo adicional dedicado al concepto antes de continuar. Cuando los estudiantes tienen que apresurarse para mantenerse al día con una tabla de ritmo, no pueden desarrollar el dominio o la confianza. Apoye sus esfuerzos al permitir que una calculadora resuelva todos los problemas, durante el trabajo en clase, la tarea, las pruebas y los exámenes. Deles ejemplos prácticos a seguir, en todo momento, también. Los ejemplos resueltos son el equivalente matemático de etiquetar carpetas, cajones o cubículos. Actúan como una herramienta de organización para los estudiantes con discalculia.[10] Ayude a los estudiantes a reflexionar sobre sus errores durante el trabajo de clase y pídales que los agreguen a sus notas personalizadas (es decir, "hiciste todo bien hasta que tuviste un signo negativo" o "recuerda comenzar con el intercepto primero"). Permítales usar estas notas, ya sea durante las pruebas y exámenes, o al menos para verificar su trabajo antes de entregar una prueba o prueba. Fomentar la exactitud y la precisión aumenta tanto el éxito como la comprensión general de los conceptos.

La resolución de problemas con ecuaciones puede ser difícil para los estudiantes con discalculia porque requiere matemáticas "inversas". La resolución de problemas es más complicada y más difícil que resolver una ecuación por sustitución (Figura 10). Cuando sabemos el valor de una variable, podemos sustituir el número por la letra y seguir el orden de operaciones dado, y encontrar la respuesta. Cuando estamos tratando de encontrar el valor de una variable, tenemos que trabajar hacia atrás, como desenredar un nudo. Los estudiantes sin discalculia comenzarán a seguir los pasos de resolución de problemas automáticamente, con práctica. Los estudiantes con discalculia pensarán en cada paso para resolver un problema, con poca automaticidad, incluso después de la práctica. Es posible que necesiten un recordatorio externo, como revisar sus notas antes de comenzar (o mientras completan) el trabajo en clase, o una indicación verbal ("Vamos a resolver problemas combinando términos similares. Los términos similares tienen la misma letra o exponente, y nosotros vamos a sumar o restar esos antes de hacer cualquier otra cosa"). Agregar indicaciones al comienzo de cada clase y alentar a los estudiantes a revisar sus notas pueden ser las únicas intervenciones necesarias para ayudar a los estudiantes a resolver problemas con éxito.

Figura 10. Sustitución y resolución de ecuaciones.

$3x + 5$ cuando $x = 2$	Sustituye x por 2 y resuelve, usando PEMDAS: $3(2) + 5$. Multiplica y luego suma.
$3x + 5 = 17$	Resta 5 de ambos lados del signo igual, reconociendo términos semejantes (5 no resta de 3x). Analiza la siguiente línea, $3x = 12$. Divide 3 de ambos lados del signo igual, no dividas "3x" de ambos lados.

Resolver ecuaciones requiere pensar hacia atrás desde la respuesta (17) y aislar la variable (x) a través de operaciones inversas. © EduCalc Aprendizaje 2022

Las ecuaciones y las fórmulas nos ayudan a resolver cualquier incógnita, en cualquier situación, porque nos dan un conjunto de pasos a seguir sin cuestionarnos. Ambos utilizan representaciones simbólicas que se pueden aplicar a cualquier problema. Sin embargo, la discalculia hace que los pasos y procedimientos de las fórmulas matemáticas parezcan un revoltijo.[3] Esto hace que las ecuaciones y las fórmulas sean una fuente de frustración en lugar de inspiración. Sin adaptaciones, los estudiantes con discalculia resolverán ecuaciones o usarán fórmulas apropiadamente en clase y bastante bien mientras hacen la tarea, pero no tan bien en un examen y es posible que difícilmente aprueben un examen. Esto se debe a que el lóbulo parietal almacena incorrectamente la información matemática. Ejemplos resueltos, una lista de referencia de fórmulas y a qué problemas se aplican, y notas que recuerdan a los estudiantes cómo comenzar son adaptaciones apropiadas para la discalculia.

Algunos maestros se preocupan de que un ejemplo resuelto brinde demasiada información y, por lo tanto, les dé a los estudiantes la respuesta. De hecho, lo opuesto es verdad. Los estudiantes que luchan con la competencia matemática, mucho menos con el dominio, no tienen suficiente conocimiento para reconocer qué hacer y cuándo hacerlo.[7] Cuando desarrollamos un conjunto completo de ejemplos, experiencias y conexiones neurológicas para trabajar con automaticidad, hemos creado un esquema: un conjunto de conocimientos que guía las acciones.[7] Los esquemas son importantes porque reducen la carga cognitiva. Liberan la memoria de trabajo para que podamos concentrarnos en cosas como la instrucción en clase, buscar hechos básicos y realizar operaciones que conducen a una respuesta correcta. Tener ejemplos trabajados actúa como un esquema externo al guiar las acciones de un estudiante y fortalecer sus conexiones neurológicas.[7] Los ejemplos trabajados no dan una respuesta más de lo que un mapa provoca la llegada a un destino. La persona que lee el mapa todavía tiene que moverse antes de poder llegar a alguna parte.

Las hojas de referencia de fórmulas actúan como recordatorios externos para los estudiantes sin discalculia, indicándoles qué hacer para resolver un problema. No ocurre lo mismo con los alumnos con discalculia. Pueden tener dificultades para ver una fórmula y relacionarla con un problema determinado. Es posible que ver una fórmula no desencadene el pensamiento: "Oh, necesito sustituir la r por el cuatro", como lo haría con un estudiante neurotípico (Figura 11). Los maestros pueden crear este indicador a través del modelado: escriba la fórmula, luego sustituya los valores y luego realice las operaciones de resolución de problemas.

Figura 11. *Las fórmulas deben activar la sustitución.*

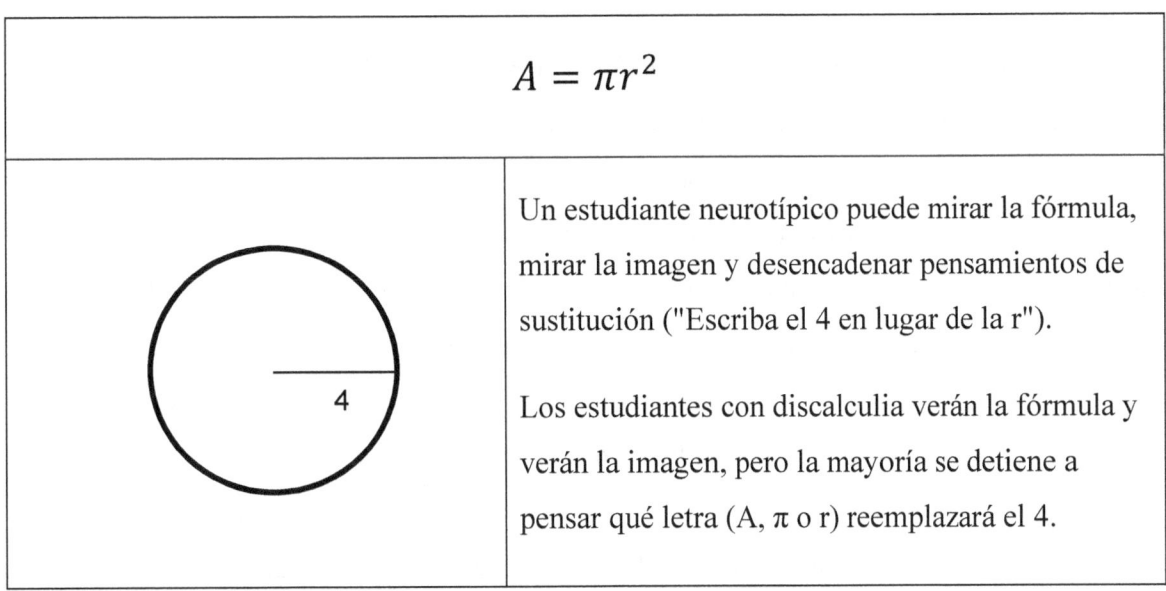

Por sí solas, las fórmulas pueden no ayudar a los estudiantes con discalculia. Necesitan ejemplos elaborados para reemplazar el proceso de pensamiento automático que experimentan otros estudiantes cuando trabajan con una fórmula. © EduCalc Aprendizaje 2022

Estudio de caso 4: Kerry

A Kerry se le diagnosticó discalculia cuando era estudiante de cuarto grado y asistía a una escuela pública en el Medio Oeste. Su madre, maestra en el mismo distrito escolar, nunca había oído hablar de la discalculia. Tampoco los maestros de Kerry. Tampoco tuvo una serie de tutores que no habían tenido éxito ayudando a Kerry a comprender o dominar las matemáticas. Desafortunadamente, esto es común. Muchos maestros y tutores entienden muy bien las matemáticas y son excelentes para apoyar a los estudiantes con dificultades temporales como un bajo nivel de aritmética o una base matemática débil. Sin embargo, pocos maestros o tutores de educación general tienen capacitación en alguna discapacidad de aprendizaje, menos aún han oído hablar de la discalculia y solo un pequeño porcentaje de ellos tiene la capacitación adecuada para abordar este trastorno del aprendizaje de las matemáticas. Para estudiantes como Kerry, esto significa años de retraso en matemáticas, pérdida de confianza en sí mismos y solidificación de su creencia de que simplemente "no pueden hacer matemáticas".

Esto continuó hasta el séptimo grado de Kerry, cuando su madre me encontró en un grupo de apoyo para personas con discalculia. Mi primera sesión de tutoría con Kerry fue en línea, ya que vivíamos en diferentes estados. Su madre se unió a nosotros en la primera sesión (y bastantes después) y habló la mayor parte del tiempo. Pasé gran parte de esa primera sesión respondiendo preguntas que Kerry tenía sobre la discalculia. ¿Fue real? Sí. ¿Ella crecería fuera de eso? No. ¿Estaba haciendo trampa si usaba una calculadora? De nada. En mi experiencia, los estudiantes con discalculia necesitan desarrollar confianza cuando buscan ayuda por primera vez, más que la mayoría de los estudiantes con dificultades. Se sienten avergonzados y avergonzados de sus habilidades matemáticas, y están acostumbrados a que otras personas los hagan sentir aún peor. Esperan ser juzgados. Pueden desarrollar ansiedad y cerrarse durante las conversaciones relacionadas con las matemáticas. Su autoestima y autoconfianza son bajas. Quieren sentirse comprendidos. Debemos ayudar a estos estudiantes a sentirse cómodos y aceptados antes de poder ayudarlos.

Kerry disfrutó trabajando con formas y patrones. Le gustaba resolver acertijos lógicos. Hacía muchas preguntas y le gustaba tomar notas detalladas. Estaba feliz en su escuela y quería quedarse en su clase de matemáticas; esto significaba que nuestras sesiones tenían que cubrir cómo completar su trabajo actual, cómo explicar conceptos básicos que no sabía y cómo tomar notas que pudieran ayudarla en clases futuras o durante pruebas y exámenes. No volvimos a trabajar en conceptos matemáticos de años anteriores, pero hablamos sobre su base matemática mientras discutíamos su trabajo en clase. Kerry demostró otro rasgo común que he encontrado en la mayoría de mis estudiantes que tienen SLD: tenía un deseo ardiente de comprender. Simplemente darle un procedimiento o una fórmula a seguir no fue suficiente. Necesitaba lidiar con el concepto antes de poder pasar al siguiente problema. Esta es una gran cualidad en un estudiante, pero se necesita mucho tiempo para hablar de los conceptos, que la mayoría de los maestros de clase simplemente no tienen. Las conversaciones más largas son más apropiadas para tutorías o sesiones de grupos pequeños.

Kerry aprendió rápido y progresó mucho gracias a las tutorías. Con el tiempo, descubrimos que sus fortalezas eran visuales y espaciales (gráficos, patrones y formas) y prestar atención a los detalles. Una debilidad para ella era su memoria relacionada con las matemáticas. Usó sus notas con frecuencia, diciendo: "Espera, creo que sé qué es esto" y luego escaneaba su cuaderno de matemáticas en busca de orientación. Con el tiempo, ideamos un sistema para etiquetar las páginas de notas por tema, fórmula o resultados, para que pudiera encontrar la página correcta más tarde. Tenía dificultades constantes con baja confianza en sí misma y autoeficacia (nuestra creencia en nuestra capacidad para tener éxito). Tenía miedo de responder preguntas porque estaba segura de que estaría equivocada. Kerry decía con frecuencia: "Probablemente me equivoque, no lo sé, pero...". La animé a adivinar, a expresar sus pensamientos sobre cómo podría resolver un problema, y siempre reforcé su esfuerzo (¡y reforcé doblemente sus éxitos!). Encontrar los métodos correctos para que Kerry aprendiera matemáticas tomó tiempo y esfuerzo, pero valió la pena. Kerry pudo mantenerse al nivel de su grado en matemáticas durante la escuela intermedia y secundaria.

Comprender, Maestro, Recordar: 6º a 8º Grados

La discalculia se puede diferenciar de un bajo nivel de aritmética en sexto grado, incluso por observadores no capacitados (las pruebas neuropsicológicas pueden identificar la discalculia mucho antes). La discalculia se presenta a través de problemas continuos para decir la hora o recordar hechos básicos, confianza continua en contar con los dedos o contar desde uno, y un historial de intervenciones y práctica adicional que no han ayudado. Sin embargo, la discalculia se confunde comúnmente con un bajo nivel de aritmética, especialmente cuando los estudiantes no tienen acceso a pruebas y diagnósticos profesionales. Muchos programas populares como Respuesta a la Intervención (RTI) o Sistemas de Apoyo de Múltiples Niveles (MTSS) utilizan intervenciones continuas en lugar de pruebas para apoyar a los estudiantes con dificultades. Cuando los estudiantes continúan avanzando a través de las intervenciones sin someterse a pruebas de trastornos del aprendizaje, se pierden las adaptaciones específicas del problema que realmente apoyarían sus necesidades individuales.

Comprender.

Cuando entendemos las necesidades de los estudiantes con discalculia, podemos ofrecer el apoyo adecuado. Los estudiantes con discalculia no se benefician al repetir las habilidades matemáticas elementales; los estudiantes de secundaria necesitan completar matemáticas de secundaria. Siempre es apropiado trabajar a nivel de grado. Permita que los estudiantes usen calculadoras y se refieran a ejemplos resueltos, ya que necesitan apoyo externo para reemplazar su ANS subdesarrollado. Tenga en cuenta que los estudiantes pueden mejorar sus habilidades matemáticas y aun así decir cosas como: "Espera, ¿hicimos este martes?" o "¿Cuánto es 5 por 3? ¿16? Esto es normal. La discalculia hace que las personas olviden lo que acaban de aprender o confundan sus hechos básicos.3 Enseñe a los estudiantes a verificar la fórmula que necesitan usar, verifique su hoja de referencia y confirme sus respuestas. Estas acciones conducen al dominio y la autoeficacia. También conducen a un mejor recuerdo, ya que los estudiantes usan más que solo su lóbulo parietal para almacenar conocimientos matemáticos. También desarrollan recuerdos a través de experiencias, eventos y emociones.

Maestro.

Los estudiantes con discalculia necesitan almacenar información relacionada con las matemáticas en muchas áreas del cerebro, no solo en el lóbulo parietal. Pueden hacer esto construyendo un esquema sólido sobre diferentes temas matemáticos, hechos matemáticos y procesos y procedimientos. Un esquema fuerte se ve así: entras a tu cocina para preparar una taza de café. Sabes dónde está la cafetera, sabes dónde están los filtros, no cuentas los pasos hasta el grifo ni rebuscas en un cajón para encontrar la pala. En el momento en que te despiertas, tu cerebro activa todas las neuronas relacionadas con el café a la vez: el olor, el sabor, la ubicación de las máquinas y los ingredientes, incluso los recuerdos de las mejores y peores tazas de café que hayas preparado. No necesitas pensar conscientemente en lo que estás haciendo. Pero, ¿qué sucede cuando visitas a la familia durante las vacaciones? Golpeas todos los gabinetes buscando el café, cruzas los dedos para que no sean granos enteros; te das dos vueltas buscando el fregadero; te cuestionas si has puesto suficientes o demasiados posos en la cesta; no tienes idea si este café será suave, fuerte o perfecto. Este es un esquema débil porque estás en un entorno que te hace cuestionar todo lo que haces.

Creaste un esquema sólido en tu propia cocina al hacer las mismas cosas, con las mismas herramientas, con resultados exitosos, en una variedad de entornos diferentes: solo, con amigos o familiares, en verano e invierno, temprano en la mañana, saliendo corriendo por la puerta. , y los domingos perezosos. Es vital que los estudiantes desarrollen un esquema sólido en matemáticas. Los maestros pueden ayudarlos a desarrollar un esquema sólido a través de una combinación de discusiones en clase, asignando proyectos del mundo real, jugando, escribiendo ejemplos y asegurando que los estudiantes tengan éxito en alguna área. Primero, el éxito ayuda a los estudiantes a definirse como pensadores matemáticos. En segundo lugar, el éxito está ligado al desarrollo de un concepto positivo de uno mismo, que es una parte clave de una adolescencia saludable. En tercer lugar, el cerebro fortalece las conexiones neurológicas que conducen a resultados exitosos, mientras que las conexiones que conducen a resultados no exitosos se desgastan. Finalmente, el éxito aumenta el desarrollo del esquema. Con un esquema sólido, los estudiantes con discalculia tienen más oportunidades de dominar temas matemáticos al recordar más información matemática.

Recordar.

Antes de que podamos recordar información, tenemos que almacenarla en algún lugar. Las personas con discalculia tienen dificultades para recordar y almacenar información matemática, en parte porque sus habilidades de memoria de trabajo tienden a ser menores que las de las personas sin discalculia.[8] Por ejemplo, las personas con discalculia tienen dificultades para recordar un conjunto de números correctamente o decir una cadena. de dígitos hacia atrás. Ambos son signos de problemas de memoria de trabajo y funciones ejecutivas. También predicen nuestras habilidades matemáticas mentales. De hecho, cuanto mejor sea una persona para recitar una serie de números al revés, mejor le irá en una prueba de matemáticas.[8] Dado que la discalculia causa dificultades para almacenar y recordar la información matemática, los educadores deben fortalecer la memoria, el almacenamiento y la recuperación a través de actividades como crear carteles y jugar juegos. Los juegos deben ser táctiles e interactivos.[9] Un ejemplo es un juego llamado "A la izquierda", que se juega con una baraja de cartas. Los jugadores toman una carta y pueden moverse hacia la izquierda, o sostener su carta hacia la izquierda, si el espacio o la movilidad son problemas. Los estudiantes se mueven cuando dices cosas como "Números primos a la izquierda". Los jugadores con un 2, 3, 5 o 7 se mueven hacia el lado izquierdo de la sala, mientras que los números compuestos se mueven hacia la derecha. Puede eliminar las cartas con figuras o asignarles un valor. Los ases valen 1, por lo que cualquier jugador con un as se quedaría en el medio de la sala. Este juego se puede jugar usando números primos y compuestos, múltiplos o factores de un número, números pares e impares, o cualquier otra cosa relacionada con las matemáticas.

Además de desarrollar la memoria y las habilidades matemáticas, hay un componente socioemocional importante para que los estudiantes jueguen: la mayoría de los estudiantes con dificultades no pueden hacerlo. Por lo general, jugar juegos, colorear o hojas de actividades y otros eventos divertidos están reservados para los estudiantes que terminan su trabajo antes de que termine la clase. Los estudiantes con discalculia necesitan más tiempo para terminar el trabajo, por lo que se pierden los extras y las "cosas divertidas" en la clase de matemáticas. Para los estudiantes con dificultades, confirma su creencia de que no son tan buenos como otros estudiantes. Rara vez equiparan la clase de matemáticas con experiencias positivas y se desconectan de las matemáticas, como materia y como clase.

> *¿Qué pasa con los manipuladores?*
>
> *Muchos estudiantes descubren que el uso de elementos manipulables como varillas o fichas de álgebra les ayuda a comprender. Si eso es cierto para sus alumnos, entonces, por todos los medios, ¡mantenga los manipulables fuera y listos para usar! Encuentro que la mayoría de los manipulativos no aumentan la comprensión ni se traducen en problemas de trabajo en clase para estudiantes con discalculia. También encuentro que muchos manipulativos creados para enseñar el tiempo, el dinero, el valor posicional o las fracciones son demasiado infantiles para los estudiantes mayores. ¡Nadie que pase del tercer grado quiere que lo vean usando un objeto de colores brillantes con un pato o un sol impreso en él! Usar o crear manipulativos apropiados para la edad. Trabaje con sus alumnos para determinar si el manipulativo está creando un cambio en la comprensión o el rendimiento. Si es así, sigue usándolos. Si no, pase a las herramientas que lo hacen.*

Capítulo 4 Preguntas y Ejercicios

1. Los ejemplos trabajados dan respuestas a los estudiantes sin tener que trabajar. Verdadero o falso

2. Los temas de matemáticas de la escuela intermedia son una extensión de los temas de matemáticas de la primaria. Verdadero o falso

3. Las fórmulas ayudan a todos los estudiantes a completar el trabajo más rápido. Verdadero o falso

4. Tres dificultades matemáticas comunes para los discalcúlicos en la escuela intermedia son:
    a. Escritura de gráficos, lectura de gráficos y sustitución.
    b. Graficar, resolver problemas y trabajar con fórmulas.
    c. Mostrar el trabajo, seguir ejemplos y mantenerse atento a la clase.

5. Un esquema se describe mejor como:
    a. Un plano.
    b. Un tipo de resolución de problemas.
    c. Un grupo de ideas y experiencias relacionadas que conducen a acciones.

6. Los estudiantes con discalculia obtienen una ventaja de la mitad:
    a. Alrededor del 7º grado.
    b. Alrededor de 4to grado.
    c. Alrededor del grado 10.

7. Graficar correctamente incluye:
    a. Usando una tabla de valores y una calculadora gráfica.
    b. Siguiendo instrucciones.
    c. Habilidades visoespaciales y reconocimiento de características clave.

8. La reducción de errores es útil cuando:
    a. Subir las calificaciones de las boletas de calificaciones.
    b. Fortalecimiento de las conexiones neurológicas.
    c. Completar la tarea para memorizar hechos básicos.

9. Escriba una reflexión de 250 palabras sobre el caso de estudio. ¿Has tenido una experiencia similar con un estudiante? ¿Cómo hubiera abordado ayudar a este estudiante?

10. Escriba un documento de 3 a 5 páginas que describa una lección de intervención para impulsar una de las siguientes habilidades: gráficos, resolución de problemas o trabajo con fórmulas.

Notas finales

[1] Barret, L. (2021). Tu cerebro predice (casi) todo lo que haces. Ciencia, www.mindful.org. Consultado en octubre de 2022.

[2] Dumontheil, I. (2014). Desarrollo del pensamiento abstracto durante la infancia y la adolescencia: El papel de la corteza prefrontal rostrolateral. Neurociencia cognitiva del desarrollo, 10, 57-76.

[3] Haberstroh, S. y Schulte-Körne, G. (2019). Diagnóstico y tratamiento de la discalculia. *Deutsches Ärzteblatt International,* 116(*7*), 107.

[4] Kop, P. M., Janssen, F. J., Drijvers, P. H. y van Driel, J. H. (2020). La relación entre graficar fórmulas a mano y el sentido de los símbolos de los estudiantes. *Estudios Educativos en Matemáticas*, 105(*2*), 137-161.

[5] Mazzocco, M. M., Myers, G. F., Lewis, K. E., Hanich, L. B. y Murphy, M. M. (2013). El conocimiento limitado de las representaciones de fracciones diferencia a los estudiantes de secundaria con problemas de aprendizaje de matemáticas (discalculia) versus bajo rendimiento en matemáticas. *Revista de Psicología Infantil Experimental*, 115(*2*), 371-387.

[6] Monteiro, C. y Ainley, J. (2003). Desarrollar el sentido crítico en la representación gráfica. Actas del III CERME. Disponible en http://fibonacci. DM unipí. it/~ didáctica/CERME3.

[7] Peterson, R. L., Boada, R., McGrath, L. M., Willcutt, E. G., Olson, R. K. y Pennington, B. F. (2017). Predicción cognitiva de lectura, matemáticas y atención: influencias únicas y compartidas. *Revista de discapacidades del aprendizaje*, 50(*4*), 408–421. https://doi.org/10.1177/0022219415618500

[8] Rosselli, M., Matute, E., Pinto, N. y Ardila, A. (2006). Habilidades de memoria en niños con subtipos de discalculia. *Neuropsicología del desarrollo*, 30(*3*), 801-818.

[9] Sweller, J., Van Merrienboer, J. J. y Paas, F. G. (1998). arquitectura cognitiva y diseño instruccional. *Revista de Psicología Educativa*, 10(*3*), 251-296.

[10] Wilkey, E. D., Pollack, C. y Price, G. R. (2020). La discalculia y el rendimiento matemático típico se asocian con diferencias individuales en la función ejecutiva específica de los números. *Desarrollo infantil,* 91(*2*), 596-619.

[11] Young, C. J., Levine, S. C. y Mix, K. S. (2018). La conexión entre la capacidad espacial y matemática a lo largo del desarrollo. *Fronteras en Psicología*, 9, 755.

Capítulo 5: Discalculia en la escuela secundaria

"Si tienes conocimiento, deja que otros enciendan sus velas en él".

--Margaret Fuller

Los estudiantes con discalculia encuentran grandes ironías en las clases de matemáticas de la escuela secundaria. La primera ironía es que todos los temas matemáticos que antes los retenían (tiempo, dinero, valor posicional, multiplicación y división de varios dígitos) desaparecen. La segunda ironía es que los temas se repiten (gráficos, tablas de valor y resolución de ecuaciones) dándoles múltiples oportunidades de aprender y practicar qué hacer. La ironía final es que se requieren calculadoras y casi siempre se proporcionan hojas de referencia. Los estudiantes reciben gratuitamente el apoyo que necesitan. Llevar el rendimiento matemático al nivel de grado y al mismo tiempo enseñar álgebra, geometría o estadística puede parecer una tarea abrumadora. Sin embargo, es más fácil para los estudiantes de secundaria tener éxito en la clase de matemáticas con menos intervención, y esto debería dar esperanza a los maestros. Los temas de matemáticas de la escuela secundaria requieren menos habilidades numéricas; se enfocan en hechos básicos menores de doce años. Las cuatro operaciones (sumar, restar, multiplicar, dividir) involucran dígitos más pequeños y familiares, en lugar de los dígitos más grandes e intimidantes de las matemáticas de cuarto o quinto grado (Figura 12). Rara vez, si alguna vez, llevamos o tomamos prestado.

Figura 12. *Operaciones de escuela secundaria versus operaciones de primaria.*

Problemas matematicos elementales	Problemas matematicos de secundaria
3001 −999	$4x + 5 = 12$; $-5 \quad -5$
$\frac{3}{7} + \frac{2}{3}$	$\frac{1}{2}(2x + 4)$
718×25	$-3(m - 3)$

Las clases de matemáticas de primaria usan cadenas más largas de dígitos, acarreo, préstamo y números más grandes, mientras que las clases de matemáticas de secundaria usan operaciones simples que involucran dígitos menores de diez. © EduCalc Aprendizaje 2022

Sumamos y restamos fracciones durante un capítulo de Álgebra 2, e incluso entonces, la mayor parte del trabajo es escribir factores uno al lado del otro en lugar de saltar al mínimo común denominador (Figura 13). De hecho, si más estudiantes de primaria tuvieran que escribir los factores involucrados en la creación de denominadores comunes, ¡entenderían mejor cómo hacer el mismo trabajo en Álgebra 2! Además, los temas se repiten a lo largo de las clases de matemáticas de la escuela secundaria. Usamos las mismas operaciones inversas cuando resolvemos ecuaciones en Álgebra 1, Geometría y Álgebra 2. Graficamos las mismas intersecciones, pendientes, reflexiones y otros puntos clave en gráficos en Álgebra 1, Álgebra 2 y Cálculo. Los términos que aprendemos en la escuela intermedia (rango, media, mediana, moda y probabilidades de que ocurra un resultado) son los mismos términos que usamos, aunque de manera más extensa, en Probabilidad y Estadística. Esta repetición les da a los estudiantes cuatro años para practicar el mismo conjunto de habilidades.

Figura 13. *Listado de factores de denominadores comunes.*

$$\frac{3}{5} + \frac{2}{4} => \frac{3(4)}{5(4)} + \frac{2(5)}{4(5)}$$

$$\frac{3}{(x+2)} + \frac{2}{(x-1)} => \frac{3(x-1)}{(x+2)(x-1)} + \frac{2(x+2)}{(x+2)(x-1)}$$

Cuando los estudiantes de primaria escriben la multiplicación de factores que crean denominadores comunes (fila superior), están practicando las habilidades que necesitan usar en clases de matemáticas de nivel superior (fila inferior). © EduCalc Aprendizaje 2022

Los maestros de matemáticas de secundaria deben emplear seis mejores prácticas para enseñar a los estudiantes con discapacidades de aprendizaje.[4] Estas estrategias educativas ya las utilizan muchos educadores experimentados y exitosos, pero tienen una importancia adicional para ayudar a los estudiantes con problemas como la discalculia. Los trastornos del aprendizaje agregan barreras adicionales para el éxito escolar, en gran parte debido a la estructura y el ritmo de la mayoría de las aulas K-12. Seguir estas mejores prácticas elimina muchas barreras estructurales y ayuda a reforzar el aprendizaje.[4]

Mejores prácticas para enseñar a estudiantes con discapacidades		
Logros Previos	Autoeficacia	Contenido Instructivo
Gestión de Instrucciones	Evaluación	Creencias del Educador

Logros Previos: Comience las lecciones señalando habilidades y recursos familiares. Para los estudiantes con discalculia, este paso es un recordatorio crucial del vocabulario, los procedimientos y los pasos clave para la resolución de problemas. Estos estudiantes suelen comenzar la clase con una respuesta de pánico porque no recuerdan lo que aprendieron ayer o la semana pasada. Sin embargo, dar un aviso puede ayudar a activar sus recuerdos. Las indicaciones de muestra incluyen:

> "Hoy, vamos a hablar más sobre ecuaciones de dos pasos. El objetivo aquí es aislar la variable, así que primero buscaremos términos constantes, los números por sí mismos, sin variable, y usaremos operaciones inversas. ¿Cuál es el inverso de sumar?"

> "Veamos algunos problemas de perímetro y área que usan binomios. Para problemas de perímetro, midiendo la longitud alrededor de un objeto, vamos a sumar binomios combinando términos semejantes. Para los problemas de área, tenemos que multiplicar los binomios, así que saca tus notas para FOILing".

Los estudiantes sin discalculia pensarán automáticamente en el trabajo de ayer, las notas que escribieron o los problemas de práctica que completaron, y los procesos y procedimientos involucrados en un tema determinado. Los estudiantes con excelentes habilidades de funciones ejecutivas, fuertes habilidades de memorización o mayor velocidad de procesamiento recordarán más información en menos tiempo porque tienen estructuras internas que activan el conocimiento previo. Los estudiantes con discalculia no tienen las mismas estructuras internas que respaldan el aprendizaje de las matemáticas.[3] Para ellos, tratar de recordar conocimientos previos es una experiencia frustrante y confusa. Motivar a los estudiantes con discalculia es crucial para su participación en clase.

Autoeficacia: La autoeficacia se refiere a nuestra creencia de que podemos alcanzar las metas si hacemos el esfuerzo y utilizamos los recursos adecuados. La autoeficacia involucra y empodera a los estudiantes. De hecho, el aumento de la autoeficacia de los estudiantes está directamente relacionado con un mayor rendimiento académico. Los maestros pueden influir en la autoeficacia al señalar las fortalezas de un estudiante. Sin embargo, el elogio tiene que ser genuino o no aumentará la autoeficacia (Figura 14).

Figura 14. *Use elogios honestos.*

Alabanza Falsa	Alabanza Genuina
"Sabía que solo necesitabas esforzarte más".	"Veo que verificaste tus respuestas antes de entregar tu trabajo, eso realmente mejoró tu calificación".
"¡Cualquiera puede hacer esto, es fácil!"	"Veo que buscaste signos negativos antes de combinar términos, y obtuviste más respuestas correctas esta vez".
"Lo hiciste ayer, puedes hacerlo hoy".	"Parece que cambiaste la forma en que escribiste tus notas, y parece que eso te ayudó a recordar qué hacer".

Los estudiantes pueden saber inmediatamente si el elogio es falso e inflado o sincero. Los elogios falsos pueden reducir la autoestima y erosionar la relación entre el maestro y el alumno. El elogio genuino aumenta la autoestima, la confianza en uno mismo y la autoeficacia, al mismo tiempo que fortalece el vínculo entre el alumno y el maestro. © *EduCalc Aprendizaje 2022*

Contenido Instructivo: Sea directo y claro; utilizar instrucciones explícitas. Ayude a los estudiantes a hacer conexiones entre los problemas de calentamiento y los problemas de extensión. Los estudiantes con discalculia no aplicarán fácilmente sus habilidades matemáticas a problemas desconocidos. Necesitan ayuda para crear transferencias cercanas y lejanas (Figura 15). Los maestros pueden mejorar la transferencia incitando a los estudiantes. Dígales qué fórmula o procedimiento usar en diferentes situaciones. Señale las claves de contexto que pueden desencadenar el uso de una determinada fórmula o la aplicación de un concepto específico. Esta es una práctica común cuando se presentan por primera vez los problemas verbales; muchos maestros hacen que los estudiantes hagan un folleto o un organizador gráfico que enumere todas las palabras que significan "sumar" (sumar, combinar, sumar, etc.). Los estudiantes mayores pueden beneficiarse del mismo tipo de organizadores en sus clases de matemáticas de nivel superior.

Figura 15. *Transferencia cercana y lejana. La transferencia cercana es más fácil de enseñar que la transferencia lejana, sin embargo, los estudiantes con trastornos del aprendizaje pueden tener más dificultades con la transferencia cercana que sus compañeros. Los educadores deben crear un puente entre los conceptos en lugar de asumir que los estudiantes darán el salto por su cuenta.*

habilidad matemática	Cerca de transferencia	Transferencia lejana
$4 + 6 = 10$	$4 + 6 = 6 + 4$	$2(2 + 3) = 10$
Los plátanos cuestan 0,99 centavos cada uno y las manzanas cuestan 0,45 centavos cada una. ¿Cuánto costarán 5 plátanos y 3 manzanas en total?	Jasmine compra 8 piezas de fruta para la semana, unas bananas a 0,99 centavos y unas manzanas a 0,45 centavos. Ella gasta $6.25. ¿Cuántas manzanas y plátanos compró?	Una receta de ensalada de frutas requiere 1 plátano y 0,5 manzanas por porción. Jasmine quiere llevar la ensalada a una fiesta, pero quiere gastar menos de $6 en ingredientes. Si los plátanos cuestan 0,99 centavos cada uno y las manzanas cuestan 0,45 centavos cada una, ¿cuántas porciones de ensalada de frutas puede preparar Jasmine?

La transferencia cercana requiere el uso de una habilidad aprendida en un entorno nuevo pero familiar. La transferencia lejana requiere aplicar una habilidad aprendida a una situación desconocida. Los estudiantes con discalculia necesitan educadores que puedan activar el conocimiento previo de la habilidad aprendida y explicar cómo se aplica a un problema nuevo o inusual antes de que los estudiantes intenten resolver problemas por sí mismos. © EduCalc Aprendizaje 2022

Gestión de instrucciones: ¿Los estudiantes escuchan lo que dices? ¿Están aplicando sus instrucciones correctamente o parecen perdidos? Manejar el ritmo de instrucción y adaptarse al progreso del estudiante es importante cuando se enseña a estudiantes con trastornos del aprendizaje. Preste atención a la cantidad de problemas de práctica que los estudiantes necesitan para desarrollar el dominio.[4] Los estudiantes con discalculia necesitarán completar más problemas para "principiantes" antes de que estén listos para continuar, en parte porque los maestros no modifican el ritmo de una lección.[4] Una vez que los estudiantes han dominado con éxito las habilidades fundamentales necesarias para una determinada lección de matemáticas, están listos para trabajar de forma independiente.

Evaluación: Use una amplia variedad de evaluaciones para determinar las fortalezas y debilidades de un estudiante. A algunos estudiantes les resulta más fácil escribir su trabajo, pero no están seguros de cómo decir lo que están haciendo; necesitan practicar usando el vocabulario de las matemáticas. Muestre cómo describir la resolución de problemas ("Primero, voy a agregar 7 a ambos lados de esta ecuación") y brinde a los estudiantes la oportunidad de practicar cómo explicar su trabajo. Algunos (especialmente aquellos con disgrafía) explican mejor sus pasos y dicen sus respuestas, pero tienen dificultad para escribirlos. Algunos estudiantes prefieren trabajar con programas basados en computadora; algunos prefieren trabajar en papel con mucho espacio para mostrar el trabajo o hacer garabatos. Un estudiante que se congela durante las pruebas de opción múltiple puede hacer un trabajo fantástico creando carteles o explicando verbalmente su trabajo. Todos estos son métodos aceptables para evaluar la comprensión de un tema por parte de los estudiantes.

Creencias de los educadores: Demasiados maestros confían únicamente en repetir los métodos de enseñanza que disfrutaron cuando eran estudiantes, o en usar las mismas estrategias que usaron durante su primer año de enseñanza.[4] Manténgase al día con los nuevos métodos de instrucción y aproveche las investigaciones actuales. ¡Recuerde, hay una razón por la que los médicos ya no usan sanguijuelas para sangrar a un paciente que tiene vapores! La intersección de la educación, la psicología y la neurología nos ha brindado una comprensión sin precedentes de cómo ocurre el aprendizaje y las formas en que el desarrollo neuroatípico impacta el aprendizaje. Aprovecha las oportunidades de desarrollo profesional. Lea artículos académicos relacionados con su campo. Esté abierto a los nuevos descubrimientos que pueden cambiar radicalmente su enfoque y las experiencias de sus alumnos en su clase.

Metacognición, apoyo visoespacial y retroalimentación inmediata

Metacognición significa pensar en lo que estamos pensando. Esta habilidad de autocontrol apoya a los estudiantes con discalculia a medida que se convierten en pensadores matemáticos. Desarrolla sus habilidades de autodefensa. También puede mejorar su trabajo independiente. Los maestros pueden ayudar a los estudiantes a desarrollar el autocontrol (reflexionar sobre el progreso) y la autorregulación (planificar acciones futuras), lo que respalda el dominio de las matemáticas.[7] Ahorre tiempo al final de la clase para analizar qué funcionó bien, qué aún debe mejorarse y cómo podría ocurrir esa mejora. Pregunte a los estudiantes, "¿qué tenía sentido y qué sigue siendo confuso?" luego señale cómo pueden mantenerse a sí mismos en el futur.[7] Declaraciones simples como, "Noté que siguió los pasos en el orden correcto, lo cual es genial, pero combinar números enteros con signos negativos le causó problemas. Tome nota para verificar dos veces esas respuestas antes de escribirlas" dé a los estudiantes instrucciones claras sobre cómo mejorar.

Los problemas visoespaciales son comunes en todos los niveles de matemáticas.[9] Si bien algunos estudiantes con discalculia tienen habilidades visoespaciales bajas, algunos tienen habilidades por encima del promedio. La única forma de saber con certeza es ver un informe neuropsicológico completo que enumera un rango de percentil visual-espacial. Sin embargo, puede haber señales: un estudiante que tiene dificultades para escribir pruebas pero que puede ver instantáneamente la justificación correcta para nombrar triángulos congruentes probablemente tenga mejores habilidades visuales y espaciales. Un estudiante que usa los pasos correctos para resolver problemas en el orden correcto, pero que nunca nota un signo negativo o una diferencia en los exponentes, probablemente tenga habilidades visoespaciales más bajas. Los maestros pueden apoyar las habilidades visoespaciales usando colores, señalando las diferencias clave y haciendo que los estudiantes nombren lo que ven. Esta es más que una buena herramienta de apoyo para los estudiantes con discalculia: la habilidad visoespacial está ligada al rendimiento en matemáticas, y la memoria visoespacial está altamente correlacionada con las habilidades matemáticas.[9] Cuando los maestros ayudan a fortalecer las habilidades visoespaciales de un estudiante, también aumentan sus posibilidades de dominar la clase de matemáticas.

Finalmente, se debe acortar el tiempo entre el intento y la retroalimentación para los estudiantes con discalculia. Necesitan saber de inmediato qué hicieron bien, qué necesitan corregir y cómo hacer esas correcciones.[4] Recibir retroalimentación días o semanas después de terminar una prueba no es suficiente para reforzar la comprensión. El cerebro humano necesita saber de inmediato qué acciones y comportamientos son exitosos y deben recordarse, y cuáles no tienen éxito y deben descartarse.[8] Esto es doblemente importante para los estudiantes con discalculia, ya que la retroalimentación inmediata aumenta la metacognición en estudiantes con trastornos del aprendizaje.[6] Los estudiantes necesitan retroalimentación que sea inmediata, que mencione acciones correctivas específicas y que los lleve hacia sus objetivos de aprendizaje.[1]

Estudio de caso 5: Guillermo

William, estudiante de quinto grado, asistió a la escuela privada donde yo era maestro y especialista en matemáticas. Cuando era niño, William fue testigo del amargo divorcio de sus padres y sufría de depresión clínica. Su asistencia a la escuela era irregular en el mejor de los casos. Su atención al trabajo escolar era limitada. No le gustaba que sus maestros lo llamaran, lo llamaran o lo controlaran. Parecía querer disolverse en el fondo y quedarse solo. Su trabajo escolar estaba por debajo del nivel de grado en todas las materias, pero parecía estar poniéndose al día en la clase de inglés, ciencias y estudios sociales. William no era mi alumno, pero me pidieron que asistiera a una conferencia de padres y maestros para discutir qué se podía hacer para apoyarlo en la clase de matemáticas.

Estaba claro que William sufría de una desconexión socioemocional. Con la cabeza gacha, el cabello sobre los ojos, encorvado en su silla, rara vez hacía contacto visual con alguien y se encogía de hombros en la mayoría de sus respuestas. Nunca interrumpió la clase, prefiriendo sacar su frustración y enojo cerrándose en lugar de arremeter. William estaba muy por detrás de sus compañeros en matemáticas. No hizo preguntas y no pidió ayuda; su papel estaría en blanco o lleno de conjeturas al azar. Sus maestros estaban frustrados y sus padres no tenían paciencia. ¿Cómo podrían alcanzarlo sin enviarlo más adentro de su caparazón?

Después de escuchar a la maestra y al director hablar sobre sus experiencias con William, sugerí que basaran todas sus interacciones en principios socioemocionales: respetar su necesidad de privacidad, incluirlo en la toma de decisiones y permitirle dirigir el mejor camino para su aprendiendo. Para William era muy importante que no lo llamaran ni lo llamaran en clase. Era igualmente importante para la maestra poder averiguar si William había entendido o no la lección. Ideamos un sistema de comunicación silenciosa, utilizando palitos de helado. William mantendría tres palitos de helado en su escritorio. Uno tendría un top rojo, otro un top amarillo y otro un top verde. William podría poner un palito de helado en su escritorio para mostrar que entendió (punta verde), tenía una pregunta (punta amarilla) o se sintió perdido (punta roja). El maestro sabría hablar con William en privado y en voz baja si usaba el palo de punta amarilla o roja. William pudo mantener sus luchas en privado al mismo tiempo que pedía ayuda. Esta fue una solución simple, pero satisfizo sus necesidades y lo ayudó a sentirse seguro y respetado. William necesitaba esta base a-------ntes de poder interactuar con la clase o absorber la instrucción.

No diré que William era una persona nueva poco después, porque no es así como ocurre el progreso. Recuperarse de un trauma lleva tiempo. No se puede predecir ni apresurar. Sin embargo, puedo decir que William comenzó a sentirse más cómodo en la escuela. Hizo algunos amigos y se volvió más hablador con sus maestros. Este fue el primer paso en un largo camino para alcanzar el nivel de trabajo escolar. Afortunadamente, sus padres tomaron la decisión de mantener a William en su pequeña escuela privada. Pudo tener los mismos maestros año tras año, incluyéndome a mí, y tuvimos la oportunidad de conocer sus fortalezas como estudiante. Sabíamos qué esperar de William y aprendimos a adaptar nuestro plan de estudios a sus necesidades.

Años más tarde, William tenía más amigos y una gran actitud, pero todavía tenía dificultades en sus clases, por lo que sus padres lo llevaron a un psicólogo para que lo examinara. ¡Resulta que William tenía discalculia, dislexia y disgrafía! Sus problemas de aprendizaje estaban escondidos detrás de su estresante vida hogareña y sus necesidades socioemocionales. Una vez que tuvimos el diagnóstico adecuado, pudimos asegurarnos de que William tuviera las adaptaciones adecuadas, incluidas tareas de mecanografía en lugar de escritura a mano, uso de una calculadora y no ser calificado por ortografía y puntuación. Entonces William pudo realmente igualar su potencial académico. ¿Por qué algunos estudiantes se hacen la prueba de discapacidades de aprendizaje tarde o nunca? A veces, la demora se debe a la vergüenza por las dificultades académicas, a la ignorancia de las diferentes discapacidades de aprendizaje, o a pasar demasiado tiempo en ciclos de intervención que no conducen a ningún lado. A veces, la demora se debe al alto costo de las pruebas o la falta de acceso a profesionales calificados. En cualquier caso, es mejor saber con certeza si un estudiante tiene una discapacidad de aprendizaje para que las escuelas y los maestros puedan brindar el tipo de ayuda adecuado lo antes posible.

Comprender, Maestro, Recordar: High School

Los estudiantes de secundaria con discalculia luchan con las conexiones: conectar ecuaciones a tablas de valores, conectar ecuaciones a gráficos, conectar ecuaciones a factores, etcétera. Si bien los estudiantes neurotípicos crean estas conexiones por sí mismos, los maestros deben dedicar más tiempo a crear el puente para los estudiantes neuroatípicos. Los conectores externos como notas guiadas o ejemplos resueltos pueden ayudar. Reducir la instrucción hasta que se alcance el dominio puede ayudar. Señalar claramente las conexiones puede ayudar. Entrenar a los estudiantes en la reflexión metacognitiva puede ayudar. Dado que cada estudiante es diferente, los maestros deben esperar que un solo enfoque no se adapte a todos sus estudiantes con discalculia.

Comprender.

Siempre que sea posible, los profesores deben utilizar un método de enseñanza CRA (representación concreta-abstracta).[5] En el método CRA, una fórmula, procedimiento o concepto se presenta primero de la manera más concreta posible. En álgebra, esto podría significar usar una tabla de valores para graficar líneas, parábolas y funciones cúbicas antes de graficar a partir de ecuaciones. Un ejemplo que funciona tanto en álgebra como en geometría consiste en llevar a los estudiantes afuera para medir la altura real de las personas y la longitud de sus sombras, además de la longitud de las sombras de los árboles, automóviles o letreros. Los estudiantes usarían estas medidas del mundo real para resolver alturas desconocidas. Este proceso también se puede aplicar para encontrar el lado faltante de un triángulo, resolver proporciones, probar triángulos similares, encontrar medidas de ángulos usando funciones trigonométricas y una serie de otros temas. Una vez que se completa la actividad concreta, los estudiantes pueden practicar la resolución de problemas de representación en una hoja de trabajo o mediante problemas de libros de texto. Finalmente, se pueden discutir las fórmulas abstractas o teoremas.

El uso de las estrategias presentadas en este capítulo, el aumento de la metacognición, la mejora del enfoque visual-espacial y la retroalimentación inmediata son herramientas útiles para los momentos en que un modelo CRA no está disponible o no es práctico. Ayudarán a los estudiantes con discalculia a comprender los conceptos abstractos inherentes a la resolución de problemas de la escuela secundaria. Las adaptaciones de CRA pueden ser difíciles de crear; por ejemplo, ¡sería difícil para cualquier maestro encontrar manipulativos para demostrar la mayoría de los problemas verbales del sistema de ecuaciones! Además, es posible que se requiera que los maestros sigan tablas de ritmo o usen un plan de estudios que no use estrategias CRA. Aún así, la investigación muestra que el uso de CRA siempre que sea posible conduce a un mayor rendimiento matemático en otras situaciones.[5] Agregue CRA cuando y donde pueda.

Maestro.

Merriam-Webster define el dominio como "posesión o demostración de gran habilidad o técnica; habilidad o conocimiento que hace a uno un maestro de un tema". ¿Cómo pueden los maestros asegurarse de que sus alumnos con discalculia se conviertan en expertos en matemáticas? Mediante la creación de una serie de eventos exitosos. Los estudiantes deben tener actuaciones exitosas sobre las que puedan reflexionar y construir a partir de.[4] El éxito continuo lleva a expectativas de éxito futuro, mientras que el fracaso continuo lleva a expectativas de fracaso que son difíciles de superar.[4] Los educadores deben notar, amplificar y reproducir resultados exitosos para los estudiantes. Esto es especialmente necesario para los estudiantes con discalculia que llegan a la clase de matemáticas de secundaria con más de ocho años de fracasos.

No se debe inflar la creación de eventos exitosos, y no tiene por qué ser difícil. El uso de andamios es una manera fácil para que los maestros aumenten los resultados exitosos y mejoren el dominio.[7] Los andamios permiten que la enseñanza sea iterativa: cada evento decide y refina el próximo evento. Por ejemplo, al enseñar a los estudiantes con discalculia cómo encontrar el porcentaje de cambio, un intervencionista o tutor primero debe mostrar al estudiante cómo plantear el problema y luego describir explícitamente cada paso que utilizan para resolver el problema. Este patrón se repite para cada problema de porcentaje de cambio: mostrar, describir, resolver. Mostrar, describir, resolver. Agregue algunas preguntas para el estudiante: "Ahora necesito insertar algunos números en esta proporción. ¿Qué crees que debería poner y dónde debería ir? Amplifique todas las respuestas exitosas: "Sí, escribiré la x sobre 100 porque esa es la parte que no sé, y siempre quiero un porcentaje sobre 100, excelente". Ese evento exitoso es el primer paso de la maestría. Continúen resolviendo problemas juntos, dejando que el estudiante haga más trabajo por su cuenta, cuando esté listo. Continúe amplificando las acciones exitosas:

"Sí, x más de 100, eso es bueno. Correcto, resta esos dos. Multiplique en cruz, agradable y divida, ahí está su respuesta final. Buen trabajo." No retenga su confirmación o correcciones hasta el final del problema. Brinde a los estudiantes múltiples oportunidades para reflexionar y corregir su trabajo durante la clase.

Recordar.

Los estudiantes con discalculia olvidan los conocimientos matemáticos con el tiempo. Muchos dicen que pueden aprender una habilidad matemática el lunes y recuerdan poco la misma habilidad el jueves. Los educadores pueden ayudar a los estudiantes a "encontrar" estas habilidades aprendidas activando el conocimiento previo.[2] En una clase típica de matemáticas, los maestros hacen preguntas a los estudiantes para activar el conocimiento previo. Esto prepara a los estudiantes para la clase y actúa como una evaluación informal de retención y recuerdo. Sin embargo, los estudiantes con discalculia fallarán al recordar la mayor parte del tiempo. Para estos estudiantes, los maestros deben invertir el orden: decir, no preguntar. Recuerde a los estudiantes el vocabulario, fórmulas o procedimientos de ayer. Enumere brevemente los pasos o teoremas de resolución de problemas necesarios para el trabajo de hoy. No espere que los estudiantes con discalculia activen los conocimientos previos por su cuenta.

¿Qué pasa con la universidad?

Los estudiantes con discalculia deben sentirse capaces de postularse a cualquier colegio o universidad que elijan, estudiando cualquier especialización que deseen. La aceptación se basa en una serie de factores que están fuera del alcance de este libro, pero postularse o asistir a la universidad no debería parecer fuera de alcance debido a la discalculia. Hay un número creciente de universidades que son de prueba opcional, y algunas escuelas están diseñadas específicamente para estudiantes con SLD. los estudiantes deben practicar habilidades de defensa y hablar con las universidades de su elección sobre qué adaptaciones están disponibles. Como para cualquier estudiante, la parte más importante de ir a la universidad es encontrar la escuela que mejor se adapte al estudiante y sus necesidades de aprendizaje.

Capítulo 5 Preguntas y Ejercicios

1. Los estudiantes con discalculia necesitan un nuevo conjunto de estrategias de enseñanza. Verdadero o falso

2. La retroalimentación es útil siempre que se da. Verdadero o falso

3. La discalculia es peor en las clases de matemáticas de secundaria. Verdadero o falso

4. Tres estrategias útiles para enseñar a los estudiantes con discalculia incluyen:
    a. Evaluar el conocimiento previo, la autoeficacia y cambiar las creencias de los maestros.
    b. Práctica adicional, dominio de temas matemáticos previos y memorización.
    c. Practicar pruebas estandarizadas, aprender hechos básicos y usar computadoras.

5. El andamiaje es un método de enseñanza que:
    a. Puede aumentar el dominio mediante la creación de eventos exitosos.
    b. Es apropiado para estudiantes de primaria, pero no para estudiantes mayores.
    c. Se ha demostrado que es ineficaz.

6. La retroalimentación de maestro a estudiante debe ser:
    a. Positivo todo el tiempo.
    b. Inmediato y auténtico.
    c. Dado después de las pruebas y proyectos o cuando se solicita.

7. La transferencia cercana y lejana se puede describir como:
    a. Una forma de medir los hábitos de estudio de los estudiantes.
    b. Una indicación de que un estudiante puede trabajar de forma independiente.
    c. Aplicar los conocimientos a situaciones nuevas y desconocidas.

8. Las tres mejores prácticas para enseñar a los estudiantes con diferencias de aprendizaje son:
    a. Usar un currículo modificado, evaluaciones alternativas y bajas expectativas.
    b. Contenido instructivo, gestión de la instrucción y creencias de los maestros.
    c. Áreas de instrucción separadas, libros de texto modificados y sin exámenes.

9. Escriba una reflexión de 250 palabras sobre el caso de estudio. ¿Has tenido una experiencia similar con un estudiante? ¿Cómo hubiera abordado ayudar a este estudiante?

10. Escriba un documento de 3 a 5 páginas que describa cómo usar CRA en una unidad de matemáticas.

Notas finales

[1] Chang, N. (2011). Puntos de vista de los futuros docentes: ¿Cómo facilitó su aprendizaje la retroalimentación electrónica a través de la evaluación? *Revista de la Beca de Enseñanza y Aprendizaje*, 16-33.

[2] Elbro, C. y Buch-Iversen, I. (2013). Activación de conocimientos previos para la realización de inferencias: Efectos sobre la comprensión lectora. *Estudios científicos de la lectura*, 17(*6*), 435-452.

[3] Geary, DC (2011). Consecuencias, características y causas de las discapacidades del aprendizaje matemático y el bajo rendimiento persistente en matemáticas. *Revista de Pediatría del Desarrollo y del Comportamiento*, 32(*3*), 250-263.

[4] Jones, E. D., Wilson, R. y Bhojwani, S. (1997). Enseñanza de las matemáticas para estudiantes de secundaria con problemas de aprendizaje. *Revista de problemas de aprendizaje*, 30(*2*), 151-163.

[5] Myers, J. A., Wang, J., Brownell, M. T. y Gagnon, J. C. (2015). Intervenciones Matemáticas para Estudiantes con Dificultades de Aprendizaje (LD) en la Escuela Secundaria: Una Revisión de la Literatura. *Problemas de aprendizaje: una revista contemporánea*, 13(*2*), 207-235.

[6] Roll, I., Aleven, V., McLaren, B. M. y Koedinger, K. R. (2011). Mejorar las habilidades de búsqueda de ayuda de los estudiantes utilizando retroalimentación metacognitiva en un sistema de tutoría inteligente. *Aprendizaje e instrucción*, 21(*2*), 267-280.

[7] Schneider, W. y Artelt, C. (2010). *Metacognición y educación matemática*. ZDM, 42(*2*), 149-161.

[8] Sheneman, L., Schossau, J. y Hintze, A. (2019). La evolución de la neuroplasticidad y el efecto sobre la información integrada. *Entropía*, 21(*5*), 524.

[9] Woolner, P. (2004). Una comparación de un enfoque visoespacial y un enfoque verbal para la enseñanza de las matemáticas. *Grupo Internacional para la Psicología de la Educación Matemática*.

Capítulo 6: Conclusión

"Si todos piensan igual, entonces alguien no está pensando".

--George S. Patton

Tan pronto como las personas desarrollan el control motor, recogemos las cosas. Agrupamos las cosas en montones. Movemos objetos de aquí para allá. Nuestra comprensión de la cantidad proviene de hacer algo. Incluso en las culturas más rudimentarias del mundo, los humanos desarrollan una comprensión de uno, dos y tres objetos. Las cantidades mayores de tres son simplemente muchas o más. Esta comprensión de la cantidad proviene de la interacción con el medio ambiente. Para los niños con un neurodesarrollo típico, estas experiencias externas crean estructuras internas que respaldan la aritmética: el sistema numérico aproximado que impulsa la estimación, la cardinalidad, la ordinalidad y el reconocimiento de patrones. Los niños con discalculia tienen un neurodesarrollo atípico y requieren apoyo externo por períodos más prolongados.

Sin embargo, el apoyo prolongado no tiene por qué significar un retraso en el éxito académico. Cuando los estudiantes utilizan el alojamiento adecuado para sus necesidades, pueden progresar rápidamente. Por ejemplo, una vez que han usado una calculadora de manera constante para verificar los cálculos, pueden usarla para verificar su trabajo antes de entregar el trabajo en clase, pero han obtenido la mayoría de las respuestas correctas la primera vez. Es posible que deseen revisar sus apuntes antes de comenzar la clase, porque les resulta difícil activar los conocimientos previos, pero recuerdan la información con mayor rapidez. Una vez que han aprendido estrategias de gestión del tiempo, hacen un mejor uso del tiempo adicional para pruebas y proyectos. Después de experimentar repetidos momentos de éxito, tienen más confianza en sí mismos, más autoeficacia y están dispuestos a asumir el desafío de aprender nuevos temas matemáticos porque creen que pueden tener éxito.

Enseñanza de alumnos con discalculia

Enseñar a los alumnos con discalculia requiere un trabajo diferente, pero no mayor, por parte de los docentes. Requiere comprender el desarrollo neurológico atípico y los desafíos que crea. Primero, el sentido numérico aproximado (ANS) se desarrolla lentamente y con menos fuerza que en el desarrollo neurológico típico. En segundo lugar, el conocimiento matemático se aprende y luego se olvida a medida que el lóbulo parietal pierde información matemática con el tiempo. Tercero, los pasos, procedimientos y fórmulas que guían a la mayoría de los estudiantes no apoyan a los estudiantes neuroatípicos; en su lugar, actúan como barreras. Estos desafíos académicos no se superarán con práctica adicional. Los estudiantes con discalculia requieren adaptaciones que brinden apoyo externo mientras trabajan. Estos incluyen tener una lista de tablas de multiplicar o una calculadora, tener ejemplos resueltos o notas guiadas, o tener hojas de referencia que muestren fórmulas o valores de monedas. Los estudiantes sin discalculia utilizan exactamente los mismos sistemas de apoyo, pero los suyos son internos. Su ANS, las memorias correctamente almacenadas y la fuerte capacidad de recordar información matemática les brindan un apoyo instantáneo que simplemente no existe de la misma manera para los estudiantes con discalculia.

Los estudiantes con discalculia son perfectamente capaces de dominar conceptos matemáticos, tener éxito en clases de matemáticas de nivel superior y seguir carreras matemáticas, aunque no lo crean. El primer paso para cambiar las creencias negativas que frenan a estos estudiantes es ayudarlos a demostrar sus habilidades; el segundo paso es construir sobre sus éxitos. El trabajo del educador capacitado en discalculia es doble: saber cómo llegar, enseñar y apoyar a los estudiantes con discalculia, y saber cómo aumentar la autoconfianza y la autoeficacia de sus estudiantes. Podemos hacer esto a través de andamios, usando estrategias de metacognición y permitiendo que los estudiantes usen las herramientas de apoyo adecuadas para el tema en cuestión.

Los maestros pueden sentirse frustrados al enseñar repetidamente el mismo tema una y otra vez sin ver los mismos resultados que en sus estudiantes sin discalculia. Cuando entendemos por qué los estudiantes con discalculia luchan por retener o recordar los conocimientos matemáticos, esa frustración disminuye. Es posible que los educadores tengan que cambiar su idea de cómo es un "buen" estudiante de matemáticas. Deja ir al maestro de matemáticas mental ideal con una memorización perfecta. En su lugar, llegue a los estudiantes a través de juegos, rompecabezas o actividades artísticas que les den acceso al mundo de las matemáticas. Apoye a las personas con discalculia mediante el uso de herramientas de apoyo externas adecuadas, como una lista de tablas de multiplicar, una hoja de referencia con ejemplos resueltos o una calculadora. Espere que los estudiantes verifiquen inmediatamente su trabajo y confirmen sus respuestas. Requiere precisión y exactitud en lugar de memorización. Pronto verás los resultados que buscas.

Puede ser difícil cambiar nuestras creencias sobre la enseñanza y el aprendizaje. Las conversaciones sobre las diferencias de aprendizaje, los estudiantes neurodivergentes y la importancia de las creencias en uno mismo son nuevas y, para algunos, incómodas. Sin embargo, son necesarios. son correctos Y producen resultados. Con demasiada frecuencia, la barrera más grande para el logro académico es el salón de clases en sí mismo, pero como maestros, tenemos el poder de crear y cambiar las experiencias de los estudiantes a través de nuestra elección de instrucción, nuestro uso de intervenciones y nuestra aceptación de adaptaciones.

Encontrar nuevas formas de enseñar a niños con un desarrollo diferente no es un concepto nuevo. La primera escuela pública de Estados Unidos, la Boston Latin School, abrió sus puertas en 1635; el deseo de proporcionar una educación gratuita y equitativa para todos los niños pronto se convirtió en un principio fundamental de los Estados Unidos. La primera escuela para sordos, The American Asylum en Hartford, Connecticut, abrió en 1821. La Escuela Perkins para Ciegos abrió en Massachusetts en 1829. La Escuela Cotting para niños con discapacidades físicas abrió en Massachusetts en 1893. La Escuela Gow para estudiantes con dislexia se inauguró en 1926 en Nueva York. Las escuelas públicas modernas satisfacen las necesidades de los estudiantes con una amplia gama de desafíos de aprendizaje en todo el país. Hacemos mejor cuando sabemos mejor. Hoy sabemos más que nunca sobre la discalculia. Es hora de que lo hagamos mejor.

Estudio de caso 6: Jonathan

Jonathan estaba en noveno grado cuando finalmente le diagnosticaron discalculia. Antes de eso, había experimentado años de dificultades, intentos y fracasos en las clases de matemáticas. Estos fracasos fueron difíciles de aceptar para Jonathan porque disfrutaba de la escuela, era un niño brillante y podía tener éxito en todas las demás materias. Descubrir que había una razón identificable para sus problemas matemáticos persistentes fue un alivio: había un nombre y una condición que finalmente podía abordarse. Sus padres y sus maestros nunca habían oído hablar de la discalculia. La escuela no estaba segura de qué podían hacer para ayudar a Jonathan. Los tutores locales tampoco estaban familiarizados con este trastorno del aprendizaje. La mamá de Jonathan me encontró a través de un grupo de apoyo en las redes sociales y comenzamos a dar tutoría durante las segundas 9 semanas de su clase de Álgebra 1.

Lo primero que pregunté fue que Jonathan tenía exactamente la misma calculadora en casa que la que usaría en la escuela. Los estudiantes casi nunca tienen la misma calculadora en ambos lugares, y es fundamental que usen una máquina, todo el tiempo, ya que desarrollan confianza y comprensión. En cambio, lo que suele suceder es que a los estudiantes se les permite usar una calculadora gráfica en la escuela, usan la calculadora de su teléfono en casa y han perdido la calculadora que compraron durante el verano o que les entregó un hermano mayor. La mayor parte de su tiempo de tarea lo pasan aprendiendo cómo usar o encontrar una determinada función de la calculadora, o completando el trabajo mientras marcan incorrectamente el signo negativo o el símbolo de la raíz, lo que conduce a respuestas incorrectas. No desarrollan una comprensión de su trabajo de matemáticas.

Jonathan era un estudiante muy concienzudo. Siempre tenía su cuaderno de tareas y de clase con él. Sabía las fechas de sus próximas pruebas y exámenes. Escribió tantas notas en clase como pudo, entendiera o no lo que significaban (ese era nuestro trabajo en la tutoría, dar sentido a lo que escuchaba en clase). Me di cuenta de que tenía una gran función ejecutiva y habilidades de memoria de trabajo. Lo que no tenía eran los hechos básicos memorizados, o la capacidad de recordar constantemente los pasos a seguir para resolver un problema. Detenerse a pensar en estas cosas lo retrasó hasta el punto de que no pudo seguir el ritmo de la clase o el ritmo de instrucción del maestro. Luchó por desarrollar la automaticidad ya que se cuestionaba repetidamente a sí mismo y a su trabajo.

Durante nuestras primeras sesiones, le recordaba a Jonathan que "lo pusiera en la calculadora y me dijera lo que obtiene", antes de que adivinara las respuestas. También usé indicaciones como, "dime la fórmula para esto otra vez", o "¿todavía tienes la página con los pasos escritos? Léame esos pasos, aseguremos de que los tengamos todos". Con el tiempo, estos recordatorios lo ayudaron a desarrollar sólidos hábitos de trabajo: verificar la fórmula, revisar los pasos y confirmar las respuestas. Cuanto más usaba estos hábitos, más respuestas acertaba. Cuantas más veces acertaba, más rápido se volvía para resolver los problemas. Cuanto más rápido se volvía en su trabajo, más confianza desarrollaba en sus habilidades. Pronto, me estaba explicando temas, y dedicamos nuestro tiempo a perfeccionar su trabajo: discutiendo estrategias para tomar exámenes, determinando la mejor manera de tomar notas para entenderlas más tarde, revisando sus planes de estudio o cronogramas para completar proyectos más grandes.

Al final del primer semestre, la calificación de Álgebra 1 de Jonathan había aumentado de una F baja a una C media. Al final de las terceras 9 semanas, obtuvo una A en la clase. Al año siguiente, Jonathan tomó Geometría. Comenzamos el año con sesiones de tutoría semanales en las que discutimos los objetivos conceptuales de Geometría en oposición a los objetivos de resolución de problemas de Álgebra. Discutimos el ritmo, el formato y las expectativas de este nuevo maestro y planificamos cómo Jonathan podría tener éxito en esta clase. Hablamos sobre cómo podría explicar sus desafíos de aprendizaje a su maestro y cómo hacer buenas preguntas en clase. Pronto redujimos nuestras sesiones según las necesidades. Jonathan continuó obteniendo A usando sus hábitos de trabajo, recursos y autodefensa para mantenerse.

Capítulo 1 Clave de Respuesta

1. Las personas con discalculia pueden mejorar en matemáticas con práctica adicional. Verdadero o **Falso**

2. Muchas personas tienen dificultades con las matemáticas porque no son buenos estudiantes. Verdadero o **Falso**

3. La discalculia afecta al 8-12% de la población. **Verdadero** o Falso

4. Los tres indicadores clave de la discalculia incluyen:
    a. Bajos puntajes en matemáticas, mala actitud de aprendizaje y velocidad de trabajo.
    b. **Problemas para decir la hora y trabajar con dinero, y olvidar las operaciones matemáticas.**
    c. Velocidad, habilidades de estudio y decir la hora.

5. Las cuatro etapas del desarrollo matemático temprano son:
    a. **Cardinalidad, comparación, resolución de problemas y medición.**
    b. Saltar conteo, comparación, clasificación de formas y medición.
    c. Cardinalidad, principios de conteo, resolución de problemas y ética de trabajo.

6. ¿De dónde viene la discalculia?
    a. Genética.
    b. Lesiones Cerebrales.
    c. **Ambos son posibles.**

7. ¿Cuáles de los siguientes son trastornos específicos del aprendizaje?
    a. Dislexia, TDAH, ELL.
    b. **Discalculia, dislexia, disgrafía.**
    c. Cualquier reto de aprendizaje.

8. ¿Que es subitizacion?
    a. **Estimación automática de importes.**
    b. Una forma de sustracción.
    c. Un tipo de instrucción matemática.

Capítulo 2 Clave de Respuesta

1. Los niños desarrollan el pensamiento matemático durante muchos años. **Verdadero** o falso

2. Practicar matemáticas en hojas de trabajo fortalece el ANS en niños pequeños. Verdadero o **falso**

3. Los niños con discalculia luchan por desarrollar la automaticidad al contar. **Verdadero** o falso

4. Las cinco etapas del pensamiento matemático son:
    a. Emerger, practicar, dominar, mostrar y enseñar.
    b. Concreta, abstracta, manipulativa, figurativa y escrita.
    c. **Emergente, perceptivo, figurativo, inicial y fácil.**

5. La subitización ayuda a las personas a:
    a. **Estimar mentalmente y comparar cantidades.**
    b. Resta problemas de matemáticas.
    c. Sustituir valores en problemas matemáticos.

6. El Sistema Numérico Aproximado (ANS) incluye:
    a. subitización
    b. Cardinalidad
    c. **Ambos son parte de ANS**

7. La codificación de conceptos matemáticos incluye:
    a. **Coincidencia de cantidad, palabras e imágenes en nuestras cabezas.**
    b. Emparejar dos o más ideas en nuestra cabeza.
    c. La cardinalidad y la ordinalidad de los números.

8. Memoria de trabajo:
    a. Es algo que todos tienen en cantidades iguales.
    b. **Se ve afectado negativamente por el estrés, pero puede predecir logros posteriores en matemáticas.**
    c. Se desarrolla naturalmente con el tiempo y tiene poco impacto en el aprendizaje.

Capítulo 3 Clave de Respuesta

1. Tener una lista de pasos o procedimientos les da a algunos estudiantes una ventaja injusta sobre sus compañeros. Verdadero o **falso**

2. Los objetos que giran mentalmente comienzan con los objetos que giran físicamente. **Verdadero** o falso

3. Los signos de discalculia suelen aparecer más tarde, después del quinto grado. Verdadero o **falso**

4. Tres dificultades matemáticas comunes para los discalcúlicos en los primeros años de la primaria son:
   a. Escribir números al revés, decir la hora y los números en forma de palabra.
   b. **Decir la hora, trabajar con el dinero y el valor posicional.**
   c. Completar el trabajo, escribir números al revés y contar hasta

5. Contar con los dedos después de segundo grado es:
   a. **Un signo potencial de una discapacidad de aprendizaje.**
   b. Un ejemplo de trabajo perezoso.
   c. Una muleta que conviene desaconsejar.

6. Los estudiantes deben hacer el trabajo de nivel de grado:
   a. Después de haber dominado los fundamentos del trabajo anterior.
   b. Cuando estén listos para hacer el trabajo independientemente de las herramientas de apoyo.
   c. **En todo momento.**

7. Olvidar pasos y procedimientos es:
   a. Una señal de que el estudiante no estudió.
   b. **Común entre las personas con discalculia.**
   c. Una barrera que no se puede superar.

8. El valor posicional se desarrolló:
   a. Por matemáticos en Babilonia en el siglo XII.
   b. **Por un matemático en la India en el siglo quinto.**
   c. Por los matemáticos del Renacimiento en Italia.

Capítulo 4 Clave de Respuesta

1. Los ejemplos trabajados dan respuestas a los estudiantes sin tener que trabajar. Verdadero o **falso**

2. Los temas de matemáticas de la escuela intermedia son una extensión de los temas de matemáticas de la primaria. Verdadero o **falso**

3. Las fórmulas ayudan a todos los estudiantes a completar el trabajo más rápido. Verdadero o **falso**

4. Tres dificultades matemáticas comunes para los discalcúlicos en la escuela intermedia son:
    a. Escritura de gráficos, lectura de gráficos y sustitución.
    b. **Graficar, resolver problemas y trabajar con fórmulas.**
    c. Mostrar el trabajo, seguir ejemplos y mantenerse atento a la clase.

5. Un esquema se describe mejor como:
    a. Un plano.
    b. Un tipo de resolución de problemas.
    c. **Un grupo de ideas y experiencias relacionadas que conducen a acciones.**

6. Los estudiantes con discalculia obtienen una ventaja de la mitad:
    a. **Alrededor del 7º grado.**
    b. Alrededor de 4to grado.
    c. Alrededor del grado 10.

7. Graficar correctamente incluye:
    a. Usando una tabla de valores y una calculadora gráfica.
    b. Siguiendo instrucciones.
    c. **Habilidades visoespaciales y reconocimiento de características clave.**

8. La reducción de errores es útil cuando:
    a. Subir las calificaciones de las boletas de calificaciones.
    b. **Fortalecimiento de las conexiones neurológicas.**
    c. Completar la tarea para memorizar hechos básicos.

Capítulo 5 Clave de Respuesta

1. Los estudiantes con discalculia necesitan un nuevo conjunto de estrategias de enseñanza. Verdadero o **falso**

2. La retroalimentación es útil siempre que se da. Verdadero o **falso**

3. La discalculia es peor en las clases de matemáticas de secundaria. Verdadero o **falso**

4. Tres estrategias útiles para enseñar a los estudiantes con discalculia incluyen:
    a. **Evaluar el conocimiento previo, la autoeficacia y cambiar las creencias de los maestros.**
    b. Práctica adicional, dominio de temas matemáticos previos y memorización.
    c. Practicar pruebas estandarizadas, aprender hechos básicos y usar computadoras.

5. El andamiaje es un método de enseñanza que:
    a. **Puede aumentar el dominio mediante la creación de eventos exitosos.**
    b. Es apropiado para estudiantes de primaria, pero no para estudiantes mayores.
    c. Se ha demostrado que es ineficaz.

6. La retroalimentación de maestro a estudiante debe ser:
    a. Positivo todo el tiempo.
    b. **Inmediato y auténtico.**
    c. Dado después de las pruebas y proyectos o cuando se solicita.

7. La transferencia cercana y lejana se puede describir como:
    a. Una forma de medir los hábitos de estudio de los estudiantes.
    b. Una indicación de que un estudiante puede trabajar de forma independiente.
    c. **Aplicar los conocimientos a situaciones nuevas y desconocidas.**

8. Las tres mejores prácticas para enseñar a los estudiantes con diferencias de aprendizaje son:
    a. Usar un currículo modificado, evaluaciones alternativas y bajas expectativas.
    b. **Contenido instructivo, gestión de la instrucción y creencias de los maestros.**
    c. Áreas de instrucción separadas, libros de texto modificados y sin exámenes.

Recursos adicionales

Ashcraft, M. H. y Kirk, E. P. (2001). La relación entre la memoria de trabajo, la ansiedad matemática y el rendimiento. *Revista de Psicología Experimental*, 130, 224–237.

Butterworth, B., Varma, S. y Laurillard, D. (2011). Discalculia: Del cerebro a la educación. Ciencia, 332(*6033*), 1049-1053.

Gibbs, A. S., Hinton, V. M. y Flores, M. M. (2018). Un estudio de caso usando CRA para enseñar a los estudiantes con discapacidades a contar usando números flexibles: Aplicar el conteo salteado a la multiplicación. *Prevención del Fracaso Escolar: Educación Alternativa para Niños y Jóvenes*, 62(*1*), 49-57.

Grabner, R. H., Ansari, D., Reishofer, G., Stern, E., Ebner, F. y Neuper, C. (2007). Las diferencias individuales en la competencia matemática predicen la activación del cerebro parietal durante el cálculo mental. *Neuroimagen*, 38(*2*), 346-356.

Él, Y., Zhou, X., Shi, D., Song, H., Zhang, H. y Shi, J. (2016). Nueva evidencia sobre la relación causal entre la agudeza del Sistema numérico aproximado (ANS) y la capacidad aritmética en estudiantes de escuela primaria: un análisis longitudinal cruzado. *Fronteras en psicología*, 7, 1052.

Howell, K. y Morehead, M. K. (1987). Evaluación basada en el currículo para educación especial y de recuperación: un manual para decidir qué enseñar. Merril.

Jensen, E. (2008). Enriqueciendo el cerebro: Cómo maximizar el potencial de cada alumno. Jossey-Bass.

Kaufmann, L., Mazzocco, M. M., Dowker, A., von Aster, M., Goebel, S., Grabner, R. y Rubinsten, O. (2013). La discalculia desde una perspectiva evolutiva y diferencial. *Fronteras en Psicología*, 4, 516.

Kaufmann, L. y von Aster, M. (2012). Diagnóstico y manejo de la discalculia. *Deutsches Ärzteblatt International*, 109(*45*), 767.

Kerry, L. y Swee, Ng (2011). La neurociencia y la enseñanza de las matemáticas. *Filosofía y Teoría de la Educación*, 86(*43*).

Mammarella, I. C., Caviola, S., Giofrè, D. y Szűcs, D. (2018). La estructura subyacente de la memoria de trabajo visuoespacial en niños con problemas de aprendizaje matemático. *Revista británica de psicología del desarrollo*, 36(*2*), 220-235.

Mazzocco, M. M. y Thompson, R. E. (2005). Predictores de jardín de infantes de discapacidad en el aprendizaje de matemáticas. *Investigación y práctica sobre discapacidades del aprendizaje*, 20(*3*), 142-155.

Munn, P. y Razón, R. (1978). Dificultades aritméticas: Perspectivas de desarrollo e instrucción. *Dificultades aritméticas: perspectivas de desarrollo e instrucción*, 24(*2*), 5.

Nulo, J. W. (2017). Currículo: De la teoría a la práctica. Rowman y Littlefield.

Piazza, M., Facoetti, A., Trussardi, A. N., Berteletti, I., Conte, S., Lucangeli, D., et al. (2010). La trayectoria de desarrollo de la agudeza numérica revela un deterioro severo en la discalculia del desarrollo. *Cognición* 116, 33–41.

Polonia, M. y van Oers, B. (2007). Efectos de la esquematización en el desarrollo matemático. *European Early Childhood Education Research Journal*, 15(*2*), 269-293.

Price, G. R. y Ansari, D. (2013). Discalculia: Características, causas y tratamientos. Aritmética, 6(*1*), 1-16.

Shalev, R. S. y Gross-Tsur, V. (2001). Discalculia del desarrollo. *Neurología pediátrica*, 24(*5*), 337-342.

Zadina, J. N. (2014). Múltiples caminos hacia el cerebro del estudiante: Energizando y mejorando la instrucción. Jossey-Bass.

La autora

La Dra. Honora Wall, Ed.D., es educadora, autora, oradora y especialista en discalculia. Estudia el impacto del neurodesarrollo atípico en el aprendizaje, con un enfoque en la discalculia, el trastorno por déficit de atención con hiperactividad, los problemas de la función ejecutiva y los problemas de velocidad de procesamiento. Ella capacita a los maestros para identificar y abordar las barreras al aprendizaje en el salón de clases para que los estudiantes puedan tener éxito en cualquier entorno. Dr. Wall combina la investigación y las estrategias probadas en el aula para ayudar a los estudiantes de los EE. UU. a alcanzar y superar el nivel de competencia matemática de su grado. Sus cursos de formación de profesores se pueden encontrar en educalclearing.com.

Otros títulos de Honora Wall

¡Ajá! Juegos para el cerebro

Enseñanza de alineación: una revista para educadores

Mi planificador universitario

La historia de mí: plan de estudios consultivo

www.ingramcontent.com/pod-product-compliance
Lightning Source LLC
Chambersburg PA
CBHW051512100526
44585CB00043B/2468